Abebe Kasaye
Habtamu Ashagre
Thomas Abraham

Wpływ fosforu na plonowanie i składniki plonu kozieradki

Abebe Kasaye
Habtamu Ashagre
Thomas Abraham

Wpływ fosforu na plonowanie i składniki plonu kozieradki

Wydawnictwo Bezkresy Wiedzy

Imprint
Any brand names and product names mentioned in this book are subject to trademark, brand or patent protection and are trademarks or registered trademarks of their respective holders. The use of brand names, product names, common names, trade names, product descriptions etc. even without a particular marking in this work is in no way to be construed to mean that such names may be regarded as unrestricted in respect of trademark and brand protection legislation and could thus be used by anyone.

Cover image: www.ingimage.com

Publisher:
Wydawnictwo Bezkresy Wiedzy
is a trademark of
International Book Market Service Ltd., member of OmniScriptum Publishing Group
17 Meldrum Street, Beau Bassin 71504, Mauritius
Printed at: see last page
ISBN: 978-620-0-81747-1

Wpływ stawek fosforu na wzrost, modulację, plonowanie i składniki plonu kozieradki *(Trigonella foenum-graecum* L.) Odmiany w rejonie Mida-Kegn, Strefa Zachodnia Szowa, Krajowy Stan Regionalny Oromia

SPIS TREŚCI

ABSTRACT

Słaba żyzność gleby jest jednym z głównych problemów powodujących zmniejszenie plonów kozieradki w strefie West Showa, Oromia National Ragional State. W związku z tym w powiecie Mida-Kegn przeprowadzono doświadczenie w gospodarstwie rolnym w celu oceny wpływu dawek nawozu fosforowego na wzrost, kozłowanie, plonowanie i składniki plonotwórcze odmian kozieradki. Pięć dawek fosforu (0, 23, 46, 69 i 92 kg P2O5 ha-1) oraz trzy odmiany kozieradki (Chala, Hundaol i odmiana lokalna) ułożono w Randomizowanym Kompletnym Planie Blokowym o układzie czynnikowym z trzema replikacjami. Główne efekty działania odmian istotnie wpłynęły na ogólną liczbę guzków na roślinie, dni do 50% kwitnienia, dni do 90% dojrzałości fizjologicznej oraz masę tysiąca nasion. Największą liczbę guzków na roślinie (23,12) i masę tysiąca nasion (13,20 g) odnotowano u odmiany lokalnej. Odmiana Hundaol najwcześniej osiągnęła liczbę dni do 50% kwitnienia (47,53 dni) i dojrzałość fizjologiczną (136,8 dni). Główny wpływ dawki fosforu istotnie (p<0,05) wpływał na węzłowanie, wzrost, plonowanie i składniki plonu kozieradki. Zastosowanie 92 kg P2O5 ha-1 dało wysoką ogólną liczbę guzków na roślinie (26,98), efektywną liczbę guzków na roślinie (25,40), liczbę głównych rozgałęzień na roślinie (9,53), liczbę strąków na roślinie (61,02), plon biomasy (3535 kg ha-1) i masę tysiąca nasion (13,14g). Oddziaływanie dawki fosforu i odmian miało istotny wpływ na wysokość roślin, liczbę nasion w strąku i plon nasion. Najwyższą wysokość roślin (76,40 cm) oraz liczbę nasion w strąku (16,53) odnotowano u odmiany Chala przy 92 kg P2O5ha-1. Maksymalny plon nasion (18,52qt ha-1 i 18,13 qt ha-1) uzyskano z odmiany Chala odpowiednio w 92 i 69 kg P2O5 ha-1. Najwyższy zwrot netto (66 476,5ETB ha-1) z marginalną stopą zwrotu (325,77%) odnotowano dla odmiany Chala w dawce 69 kg P2O5 ha-1. W związku z tym dla zwiększenia produkcji i wydajności odmiany kozieradki Chala o wskaźniku 69 kgP2O5 ha-1 zaleca się stosowanie na badanym obszarze i podobnej ekologii agrotechnicznej.

Słowa kluczowe: *Kozieradka, fosfor, plon nasion, odmiany*

1. WPROWADZENIE

Fenugreek (*Trigonella foenum - graecum* L.), jest corocznym ziołem należącym do rodziny Fabaceae (Engles *i in.*, 1991). Jest to wielofunkcyjna roślina przyprawowa; każda część rośliny jest wykorzystywana jako warzywo liściaste, pasza i przyprawa (Khiriya *et al.*, 2003). Jest to żywność wysokiej jakości, która zapewnia korzyści odżywcze i funkcjonalne w niskiej cenie. Kozieradka uprawiana jest głównie w Chinach, Indiach, Turcji, Kanadzie, Australii, północnej i południowej Afryce oraz południowej Europie (Moyer *i in.* , 2002, Ahmad *i in.* , 2016).

W Etiopii regionami upraw kozieradki są płaskowyże wysokie (1800-2300 m n.p.m.) charakteryzujące się subtropikalnym klimatem o porze wilgotnej i suchej (Westphal, 1974). Jego uprawa, jak również gospodarcze znaczenie dla etiopskiego rolnictwa sięgają długiego okresu historycznych wydarzeń. Według szacunków CSA (2018) Etiopii, uprawa kozieradki obejmowała około 32 507,00 hektarów gruntów rolnych, na których rocznie wytwarzano ponad 28 925,21 ton nasion kozieradki, co czyni z kozieradki szósty pod względem wielkości produkcji roślin strączkowych w kraju. Kozieradka uprawiana jest na różnych glebach, ale kwitnie na dobrze zdrenowanych glinach lub glinach piaszczystych. Kozieradka jest również przystosowana do terenów suchych, w tym gleb lekko zasadowych lub marginalnych (Acharya *i in.*, 2006). Produkcja i dystrybucja kozieradki w Etiopii jest prawie podobna do produkcji i dystrybucji innych roślin strączkowych w chłodnych porach roku (DZARC, 2004). W Etiopii istnieje duża różnorodność genetyczna upraw (Feysal, 2006).

W Etiopii, Oromia jest jednym z idealnych regionów dla produkcji kozieradki. W tym regionie łącznie 2 549 031,00 hektarów zajętych przez rośliny strączkowe, z czego kozieradka dzieli się na 2 449,00 hektarów, co stanowi 0,096 % powierzchni produkcyjnej objętej wszystkimi roślinami strączkowymi uprawianymi w tym regionie w sezonie uprawy w 2015 r. (CSA, 2016). W głównym sezonie upraw w Etiopii wydajność kozieradki w kraju wynosiła 0,996 ton ha-1, co jest zbyt niska w porównaniu z jej potencjalnym plonem 1,8 ton ha-1 (MoA, 2014).

Na badanym obszarze, w strefie West Showa, kozieradka pospolita uprawiana jest ekstensywnie jako nasienna roślina przyprawowa, na średnich i dużych wysokościach. Według danych Urzędu Rolnego (West Showa Zone Agricultural Office, 2017) roczny areał kozieradki w zachodniej strefie Showa wynosił ok. 186,75 ha gruntów rolnych, na których zgromadzono ponad 136,25 ton nasion kozieradki rocznie. Podobnie w rejonie Mida- Kegn w zachodniej strefie Showa, kozieradka jest jedną z głównych upraw nasiennych przypraw produkowanych zarówno na potrzeby własnej konsumpcji jak i rynku. Jednak wydajnoĞü w przeliczeniu na hektar jest niska i waĪy siĊ w granicach 7-11 qt ha-1 (Biuro Mida KegnAgricgricgricgricents Office, 2016). Jednym z gáównych ograniczeĔ produkcji kozieradki jest niska ĪyznoĞü gleby, zwáaszcza niedobór fosforu. Poza tym, brak ulepszonych odmian, brak certyfikowanych nasion, chwastów, chorób takich jak mączniak i zgnilizna korzeni, a także szkodniki, takie jak mszyce, są również czynnikami ograniczającymi (MoA, 2014).

Fosfor jest niezbędny dla ogólnego zdrowia rośliny i rozwoju korzeni oraz większej siły pędów. Poprawia tworzenie się kwiatów i sprawia, że produkcja nasion jest bardziej jednolita. Poprawia również jakość nasion i odporność na choroby roślin. Wzrost roślin i plon nasion został zwiększony w kozieradce, gdy zastosowano fosfor w dawce 26 kg P (60 kg P2O5) ha-1 (Bhairagi, 2014). Sharma *i wsp.* , (2014) uzyskali maksymalną liczbę strąków roślin-1, nasion strąka-1, plon nasion z 17,6 kg P (40 kg P2O5) ha-1. Stwierdzono również, że wzrost plonu nasion kozieradki uzyskano przy zastosowaniu dawek fosforu 40 i 60 kg ha-1 (Khiriya *et al.*, 2003). W związku z tym oczywiste jest, że plon nasion kozieradki może być zwiększony poprzez rozsądne stosowanie nawożenia fosforem.

Fosfor jest potrzebny w stosunkowo dużej ilości przez rośliny strączkowe i oprócz promowania wzrostu roślin strączkowych gospodarza, odgrywa szczególną rolę w utrwalaniu N2 oraz inicjowaniu, wzroście i rozwoju guzków (Leidi i Rodiguez-Navarro, 2000). Rośliny strączkowe mają wysokie zapotrzebowanie na fosfor do wzrostu, a także do węzłowania i wiązania N2 (Schulze *i in.*, 2006). Wynika to głównie z faktu, że symbiotyczne wiązanie azotu jest procesem o wysokim zapotrzebowaniu na P, dlatego też tworzenie się guzków i wiązanie N2 są na ogół ograniczone przez niską dostępność P poprzez niekorzystny wpływ na rozwój węzłów oraz aktywność nitrogenazy (Schulze *i in.*, 2006). Poza tym utrwalanie N2 jest bardzo wrażliwe na niedobór fosforu, ponieważ zmniejsza masę guzków (Vance, 2001). Zasugerowano, że wysokie koszty energii wsparcia symbiozy kłącza wymagają pochłaniania dużych ilości fosforu w celu zaspokojenia zapotrzebowania na adenozynotrifosforan (ATP) (Tang *i in.*, 2001).

Do tej pory w Etiopii badania nad kozieradką ograniczały się do działalności hodowlanej, a w Centrum Badań Rolniczych Debrezeit przeprowadzono tylko kilka badań agronomicznych dotyczących terminów sadzenia, dawki wysiewu i niektórych badań nad nawozami N i P (DZARC, 2007), w których z badania nad nawozami stwierdzono lepszą reakcję na plon z 60 kg P2O5 ha-1. Badania przeprowadzone w Centrum Badań Rolniczych Sinana (SARC) w latach 2004-2006 dotyczące wpływu dawki nawozów N i P na kozieradkę nie wpłynęły istotnie na plon nasion, wysokość roślin, liczbę strąków na roślinie, liczbę nasion na roślinie, plon biomasy i liczbę nasion (Allo Aman, 2007, niepublikowane). Dlatego odpowiedź kozieradki na N i P2O5 była zróżnicowana w zależności od stanu żyzności gleby. Ze względu na wspomnianą zmienność kozieradki w zakresie składników pokarmowych, a także zdając sobie sprawę ze znaczenia nawozu fosforowego dla kozieradki, konieczne jest rozpoczęcie badań nad wpływem fosforu na węzłowanie, plonowanie i komponenty plonowe odmian kozieradki. W związku z tym zaproponowano badania mające na celu zbadanie wpływu różnych dawek fosforu na węzłowanie, plonowanie nasion i komponent plonowy kozieradki.

1.1. Oświadczenie o problemie

Spadek żyzności gleby spowodowany brakiem lub nieoptymalnym nawożeniem oraz złe praktyki zarządzania żyznością gleby są głównymi problemami wpływającymi na produkcję i wydajność kozieradki w powiecie Midakegn. Mniejsze stosowanie nawozów fosforowych oraz stosowanie lokalnych odmian o niskim potencjale plonotwórczym, podatnych na szkodniki, a także stosowanie słabych praktyk zarządzania uprawami to główne ograniczenia produkcyjne tego obszaru. Pomimo dużego wkładu w produkcję nasion pulsacyjnych w kraju, średni plon kozieradki uzyskany przez rolników z Midakegn jest bardzo niski w porównaniu z wysokoplennymi odmianami kozieradki opracowanymi przez różne ośrodki badawcze. Konieczne jest zatem zwiększenie wydajności produkcji kozieradki poprzez określenie optymalnej dawki nawozu fosforowego i dobór bardziej wydajnej odmiany, aby produkcja kozieradki była satysfakcjonująca dla rolników oraz aby zaspokoić popyt kozieradki zarówno na rynku lokalnym jak i krajowym.

1.2. Cele

1.2.1. Cel ogólny

- Ocena wpływu nawozu fosforowego na węzłowanie, wzrost, plonowanie i komponent plonotwórczy kozieradki, a tym samym zwiększenie wydajności i produkcji kozieradki w powiecie Midakegn.

1.2.2. Cele szczegółowe

- Ocena wpływu dawki nawozu fosforowego na wzrost, kozieradki, plonowanie i komponenty plonotwórcze odmian kozieradki.
- Określenie ekonomicznie opłacalnej dawki nawozu fosforowego dla produkcji kozieradki na badanym obszarze

PRZEGLĄD LITERATURY

1.3. Pochodzenie i dystrybucja kozieradki

Kozieradka jest zróżnicowanym gatunkiem. Autorzy szeroko dyskutowali nad prawdopodobnym rodowódem *Trigonella foenum-graecum* (L.), chociaż rozbieżne szkoły opinii wskazują trzy prawdopodobne ośrodki pochodzenia tej rośliny (Acharya *i in*., 2008). Vavilov (1951) sugerował, że kozieradka pochodzi z regionu Morza Śródziemnego. Jednak według Fazlego i Hardmana (1968) oraz De Candollego (1964) kozieradka ma azjatyckie/indiańskie centrum pochodzenia. Dangi *et al.* (2004) zaproponowali również, aby gatunek ten pochodził z Turcji. Do celów badań taksonomicznych i charakteryzacji zebrano kolekcje kozieradki z różnych krajów. Serpucha (1934) zaproponowała, że Jemen i Abisynia są ośrodkami różnorodności kozieradki, a Moschini (1958) zaproponowała, że Sycylia, Toskania i Maroko są ośrodkami różnorodności kozieradki. W innym badaniu, Jemen, region Zakaukazia Eurazja, Afryka, Afganistan, region Chin i Iranu oraz Indie również zostały zaproponowane jako centra różnorodności kozieradki (Furry, 1950).

1.4. Opis kozieradki

Kozieradka (*Trigonella foenum-graecum*) jest rośliną jednoroczną, diploidalną (2n=16), bez aneuploidów (Flammang *i in*., 2004). Pod względem morfologicznym jest to wzniesiona, aromatyczna roślina jednoroczna, ściśle przypominająca dużą koniczynę. Łodyga jest długa cylindryczna (30 do 60 cm długości) i ma różowawy kolor; natomiast są to masywne struktury przypominające palce (Moradi kor i Moradi, 2013). Kozieradka ma pierzaste, złuszczające się, długie, łodygowate liście złożone o uzębieniu, lancetowate, kępki trójkątne, omijające obanceiolate ulotki (Srinivasan,

2006). Kwitnie białymi do żółtawobiałych, pachwinowymi i pachwinowymi kwiatami, które są obupłciowe i zapylane przez owady. Kwiaty mają 5 płatków zwanych bannerami, skrzydłami i stępkami. Jajnik jest ciemnozielony, a ziarna pyłku mają kształt owalny do okrągłego (Mehrefaria *i in.*, 2011). Kwiat kozieradki wytwarza brązowawe do żółtawobrązowych 15cm 2-8cm długości. Każdy strąk zawiera 10-20 nasion na strąk; nasiona są małe (5 mm długości), twarde, gładkie, matowe do brązowożółtych (Moradi kor i Moradi, 2013).

1.5. Znaczenie gospodarcze kozieradki

1.5.1. Medyczne znaczenie

Nasiona kozieradki są cenione za swoje właściwości lecznicze. Analizy mikrobiologiczne wykazały, że wyciągi z kozieradki wykazują aktywność przeciwdrobnoustrojową wobec licznych bakterii (Wagh *i in.*, 2007). Wodne wyciągi z korzeni, nasion i pędów kozieradki mają właściwości przeciwgrzybicze (Haouala *i in.*, 2008). Preparaty z nasion kozieradki stosowane są w leczeniu zaburzeń żołądkowo-jelitowych. Roztwory wodne i zmacerowane olejek kozieradki działają ochronnie na błonę śluzową w chorobie wrzodowej (Pandian *i in.*, 2002) i zapobiegają rakowi jelita grubego (Raju *i in.*, 2004). Ochronne działanie hepatologiczne kozieradki jest porównywalne z działaniem silymaryny (Pribac *i in.*, 2009). W Iranie liście kozieradki są stosowane w leczeniu chorób oczu (Miraldi *i in.*, 2001) i zaburzeń ginekologicznych (Bashtian *i in.*, 2013). Nasiona kozieradki zawierają neuroprotekcyjną alkaloidową *trigonelinę* (Tohda *i in.*, 2005), która może być skutecznie stosowana w zapobieganiu i leczeniu chorób neurodegeneracyjnych. Nasiona kozieradki mają również właściwości przeciwzapalne, przeciwgorączkowe i przeciwbólowe (Malviya *i in.*, 2010). Aminet *al.* (2005) wykazał, że ekstrakty z kozieradki skutecznie zapobiegają i hamują rozwój raka piersi oraz obniżają poziom cholesterolu. Ekstrakty z nasion kozieradki obniżają poziom glukozy we krwi (Bashtian *i in.* , 2013). W medycynie tradycyjnej kozieradka używana jest do przygotowania naparów, ekstraktów z wody i alkoholu, nalewek, miodów pitnych, toników o właściwościach antydepresyjnych i psychotonicznych oraz suplementów wzrostu mięśni. Kozieradka stosowana jest w leczeniu łojotoku, trądziku i zapalenia skóry. Roślina ta jest szeroko stosowana w kosmetologii (Wijaya *i in.*, 2013).

1.5.2. Biologiczne wiązanie azotu

Biologiczne wiązanie azotu (BNF) jest procesem, w którym gaz azotowy (N2) z atmosfery jest włączany do tkanki roślin strączkowych za pomocą mikroorganizmów glebowych. Symbiotyczne wiązanie azotu jest relacją symbiozy, w wyniku której powstaje wyspecjalizowana struktura zwana guzikiem. Bakteryjny mikrosymbiont wiąże azot dla makrosymbiontu, który jest rośliną strączkową w zamian za zredukowany węgiel (C) z żywiciela rośliny do mikrosymbiontu, który jest bakterią rizobii (Makoi *i in.*, 2010). Występowanie symbiozy wiąże się ze złożonymi mechanizmami, począwszy od wzajemnej wymiany dyfuzyjnych cząsteczek sygnału (Ndakidemi i Dakora, 2003). Ponadto, cząsteczki nasion i korzeni, głównie flawonoidy, są wydzielane przez rośliny strączkowe, które mogą być wyczuwalne przez pewne specyficzne gatunki rizobii (Makoi *i in.*, 2010). W zamian za to, lipochito-oligosacharydy znane jako czynniki węzłowe są wydzielane przez rizobię, które są rozpoznawalnymi receptorami, takimi jak kinaza roślin strączkowych. Guzek pojawia się następnie na korzeniach i ułatwia rozwój bakterii wiążących azot (Santos *i in.*, 2013). W atmosferze znajduje się ogromny zbiornik azotu atmosferycznego (78%) i niestety nie jest on dostępny dla organizmów takich jak rośliny i zwierzęta.

Aby mógł zostać wykorzystany, musi zostać podzielony na reaktywne związki, które mogą być łatwo metabolizowane, np. NO3- lub NH4+. Poza tym atomy azotu muszą być wiązane chemicznie z tlenem i wodorem poprzez proces wiązania N2, a węgiel poprzez proces asymilacji azotu (Vitousek *i in.*, 2002). Rees *et al.* (2005) podali, że rocznie ustala się 3×1014 g azotu na hektar.

Rośliny strączkowe są w stanie utrwalić atmosferyczny N2 poprzez skojarzenie z rizobią. Rośliny strączkowe dostarczają węglowodanów do wzrostu bakterii, podczas gdy bakterie utrwalają N2 atmosferyczny w NH4+, aby przekształcić go w aminokwasy, które mogą być wykorzystane przez roślinę do syntezy białek dla jej wzrostu i rozwoju (Russell, 2008). Symbiotyczne skojarzenie jest bardzo specyficzną relacją pomiędzy rośliną żywicielską a bakteriami. Symbioza Rhizobium-legoma obejmuje interakcję między rośliną i bakteriami prowadzącą do inicjacji i rozwoju guzów korzeniowych. Bakterie glebowe takie jak Rhizobium żyją w guzkach jako bakterie wiążące azot. Pojedyncza komórka kłącza, która infekuje korzeń włosa, może zwiększyć potomstwo o ^{1010} w ciągu kilku tygodni. Wydajność symbiotycznego BNF jest wyraźnie zależna od wzajemnej kompatybilności obu partnerów i zależy od wielu czynników środowiskowych, które są makro symbiontem składającym się z różnorodności, guzowatości, dostępności fotosyntetycznej i tolerancji na stres; mikrosymbiontem składającym się z nieefektywności, skuteczności, zdolności do konkurowania i kompetencji saprofitycznych oraz czynników środowiskowych składających się z azotu, światła, temperatury, wody, napowietrzania, zasolenia i czynnika biotycznego (Vincent, 1980).

1.5.3. Kozieradka jako źródło białka i aminokwasów

Nasiona kozieradki zawierają od 260,3 do 295,0 g kg-1 białka, którego jakość zależy od składu różnych frakcji białka i aminokwasów. Leela i Shafeekh (2008), nasiona kozieradki miały następujący profil aminokwasowy: albuminy (438,00 g kg-1), globuliny (272,00 g kg-1), gluteliny (172,00 g kg-1) i prolaminy (74,00 g kg-1). Różnice w profilach aminokwasowych kozieradki, łubinu białego i pszenicy durum są odpowiedzialne za różnice w ich właściwościach użytkowych.

Mahfouz *i wsp.* (2012) porównali jakość białka w kozieradce i innych roślinach strączkowych, takich jak łubin biały, i wykazali, że łubin biały miał wyższą zawartość białka niż kozieradka. Zawartość aminokwasów egzogennych oznaczono na 268,50 g kg-1 w łubinie białym, natomiast nasiona kozieradki zawierały największą ilość obu aminokwasów egzogennych (304,80 g kg-1 białka) oraz aminokwasów ogółem (576,00 g kg-1 białka). W nasionach kozieradki zawartość metioniny i cysteiny była wyższa niż w łubinie białym odpowiednio o około 128 i 49%. Isikli i Karababa (2005) stwierdzili, że kozieradka charakteryzuje się wysoką zawartością wolnych aminokwasów, w szczególności izoleucyny i histydyny, które mogą stymulować wydzielanie insuliny. Jakub i Wrzos (2011) wykazali, że bogate w białka rośliny strączkowe, takie jak łubin, są tak samo silne jak soja w obniżaniu poziomu cholesterolu w surowicy.

Kozieradka obfituje również w lizynę, której jakość jest porównywalna z lizyną sojową, dlatego też kozieradka spożywana jest jako suplement diety (Mandal, 2016). Feyzi *i wsp.* (2015) stwierdzili znaczne stężenie Glu, Asp, Lue, Thr i Arg w nasionach kozieradki i doszli do wniosku, że izolat białka kozieradki jest źródłem białka o niezwykłych właściwościach użytkowych. Wśród analizowanych gatunków, ziarno pszenicy durum było bogatsze w leucynę, fenyloalaninę i walinę (Acquistucci *i in.* , 1995). W przeciwieństwie do białek ziarna zbóż, białka kozieradki są bogate w Lys i niskie w jego i spełnione, dlatego mogą być one wykorzystywane do zwiększenia wartości odżywczych zbóż i żywności przekąski, takie jak chleb, herbatniki i ciastka (Feyzi *i in.* , 2015). W badaniach przeprowadzonych przez Hooda i Jooda (2007), kiełkujące nasiona kozieradki miały znacznie większą zawartość białka ogólnego (29%) i lizyny ogólnej (64,80 g kg-1 białka) niż nieprzetworzone nasiona. Kiełkowanie obniżyło zawartość błonnika pokarmowego i skrobi, a tym samym zwiększyło poziom cukru w nasionach. Dodatkowo znacznie wzrosła strawność skrobi i białka in vitro oraz dostępność Ca, Fe i Zn dzięki zmniejszeniu zawartości antyskładników pokarmowych (kwasu fitynowego i polifenoli). Meghwal i Goswami (2012) stwierdzili, że białko kozieradki jest bardziej rozpuszczalne w alkalicznym pH. Kozieradka ma korzystny wpływ na trawienie i może modyfikować właściwości pokarmowe.

1.5.4. Kozieradka jako pożywienie

Poza właściwościami leczniczymi kozieradka jest ceniona również ze względu na swoją wartość kulinarną. Roślina ta jest powszechnie stosowana jako przyprawa, która nie tylko poprawia smak żywności, ale także przyczynia się do poprawy funkcji metabolicznych i ogólnego stanu zdrowia. Herbatniki uzupełnione o 10% kiełkującego kozieradki miały najwyższą zawartość polifenoli i charakteryzowały się wysoką wartością odżywczą. Dodatek mąki pszennej z 5% i 10% mąki kozieradki zwiększył stężenie witaminy B2 i karotenu w herbatnikach (Mahmoud *i in.* , 2012). Według cytowanych badań, produkty z kozieradki mają właściwości naprawcze i mogą być korzystne dla pacjentów cierpiących na niedokrwistość z niedoborem żelaza. Jednakże, według Folwarcznej *i in.* ,(2014), niskie spożycie nasion kozieradki może mieć korzystne działanie szkieletowe, natomiast wysokie dawki mogą uszkodzić układ kostny. Nasiona kozieradki stosowane są jako przyprawa do aromatyzowania wybranych rodzajów sera, głównie parmezanu. Sproszkowane lub pokruszone nasiona dodaje się do sałatek i twarożków do smarowania. Nasiona kozieradki podnoszą walory smakowe i zapachowe potraw. Dodaje się je do sosu curry i są one tradycyjnym składnikiem bułgarskiej chubritzy przyprawowej. Nasiona kozieradki używane są również do aromatyzowania kawy i ekstraktów waniliowych (Szczyglewska, 2000). Nasiona i ekstrakty kozieradki wspomagają trawienie i zwiększają wchłanianie składników odżywczych, w szczególności aminokwasów. Przyczyniają się do wzrostu mięśni i masy ciała oraz mają właściwości odżywcze i wzmacniające. Suplementy diety zawierające kozieradkę mają właściwości hipoglikemiczne i są zalecane dla pacjentów z cukrzycą. Nasiona kozieradki są palone do bezpośredniego spożycia i dodawane do bulionu i herbaty. Liście kozieradki są smażone na maśle, dodawane do sałatek i używane jako przyprawa w formie sproszkowanej.

Badanie porównujące jakość miodu z różną zawartością pyłku wykazało, że najbardziej pożywnymi rodzajami miodu były miody heterofloralne, a próbki o najwyższej aktywności antybakteryjnej przeciwko *Pseudomonas aeruginosa*, *Escherichia coli* i *Staphylococcus aurous charakteryzowały się* przewagą pyłku kozieradki (Mercan *i in.* , 2007). Badany miód był skuteczniejszy w eliminowaniu tych bakterii niż antybiotyki. Kozieradka nie ma szkodliwego wpływu na organizm człowieka, nawet jeśli jest spożywana w dużych ilościach (Muralidhara *i in.* , 1999). W Indiach normalne spożycie nasion kozieradki przez dorosłych szacuje się na 0,3 do 0,6 g dziennie. Zarówno u ludzi, jak i u zwierząt, diety, w których powyższe poziomy spożycia zostały przekroczone 50- do 100-krotnie przynosiły korzyści zdrowotne. Do takich diet należą dania z dużą ilością nasion kozieradki, które są bardzo popularne w południowych Indiach (Srinivasan, 2006). Siano kozieradki zawiera więcej rozpuszczalnego białka niż siano z lucerny, a w Kanadzie rośnie zainteresowanie kozieradką jako alternatywną paszą dla krów mlecznych (Alemu i Doepel, 2011). Dodanie kozieradki do paszy dla bydła poprawiło parametry jakościowe mleka i metabolizm zwierząt, podobnie zmielone nasiona kozieradki i olej z kozieradki są również wykorzystywane do produkcji przynęty dla ryb w postaci kulek proteinowych (Taparia, 1990).

1.5.5. Kozieradka jako roślina pastewna

Chociaż kozieradka jest znana głównie jako roślina przyprawowa, nazwa gatunkowa *Foenum graecum odnosi się* do "greckiego siana" wspierającego jej stosowanie jako rośliny pastewnej we wczesnych latach (Acharya *et al.* , 2008). Jest ono stosowane jako zielonka i siano dla bydła w Indiach i Turcji (Petropoulos, 2002). W Japonii stosuje się ją jako kiszonkę. Petropoulos (2002) dokonał przeglądu kozieradki jako alternatywy dla lucerny lub grochu pastewnego. Nasiona kozieradki są również stosowane jako pasza dla krów w okresie laktacji, ponieważ zwiększają one przepływ mleka (Hidvegi *i in.* , 1984). Jego zdolność do zapewnienia wysokiej jakości paszy na wszystkich etapach wzrostu sprawiła, że kozieradka stała się pożądaną paszą (Acharya *i in.* , 2008). Nie wykazuje ona wyraźnego spadku jakości nawet po rozpoczęciu wzrostu reprodukcyjnego. Acharya *i in.* (2008) stwierdzili, że te rośliny strączkowe są bardzo smaczne i nie powodują wzdęć u bydła mięsnego. Mir *i wsp.* (1998) zasugerowali kozieradkę jako bliski substytut paszy z lucerny, ponieważ zaobserwowali oni podobne warunki w żwaczu, strawność i przyrost masy ciała u bydła. Goel *et al.* (2007) wykazali zwiększoną wydajność fermentacji w żwaczu, co doprowadziło do zmniejszenia produkcji metanu. Obserwacja ta sugeruje, że dieta kozieradki dla bydła może być korzystna dla środowiska poprzez zmniejszenie produkcji metanu przez bydło. Montgomery *et al.* (2008) wykazali jej zastosowanie w przemyśle mleczarskim.

1.6. Składniki chemiczne nasion kozieradki

Zielone liście kozieradki są jednym z najstarszych ziół leczniczych zawierających β-karoten (19 mg /100 g), askorbinian (220 mg/100 g) (Thomas *i in.*, 2011), błonnik, żelazo, wapń i cynk, nawet więcej niż zwykłe produkty spożywcze (Muralidhara *i in.*,

1999). Jego nasiona, biologicznie endosperma, są najcenniejszą częścią roślin. Surowe nasiona mają złoty kolor z klonowym smakiem, ale gorzki smak. Gorycz ta może być jednak zmniejszona przez prażenie. Nasiona są włókniste, lepkie i gumowe w naturze (Jani *i in.*, 2009). Sapnoniny i alkaloidy są uważane za czynniki antyżywieniowe w nasionach. Jednak nasiona odtłuszczone są wolne od tych związków i mogą być spożywane przez osoby mające problem z tłuszczem (Altuntas *et al.*, 2005).

1.6.1. Białko

Bielmo kozieradki jest bogate w białko (43,8 g/100 g): globulinę, lecytynę i albuminy (Mathur i Choudhry, 2009; Naidu *i in.*, 2011). Posiada wysoki udział wolnych aminokwasów (20-30%), zwłaszcza 4-hydroksyizoleucyny i histydyny, które mogą stymulować aktywność insuliny (Isikli i Karababa, 2005). Białka kozieradki są wystarczająco stabilne i nie ulegają zmianom podczas gotowania (Srinivasan, 2006). Ponadto kozieradka oczyszczona z zanieczyszczeń jest bogata w białko i lizynę. Frakcja białka kozieradki jest bogata w lizynę i może być porównywana z białkiem sojowym (Meghwal i Goswami, 2012).

1.6.2. Tłuszcz

Nasiona zawierają łącznie 5,5-7,5% lipidów, w tym głównie lipidy obojętne (85%), fosfolipidy (10%) i glikolipidy (5%). Lipidy nienasycone składają się z kwasów oleinowych (14%), linolenowych (25%) i linolowych (40%) (Chatterjee *i in.*, 2010). Dzięki obecności N-acyloetanoloamin (NAE) i oleamidu kozieradka ma silny potencjał uwalniania bólu i pobudzania apetytu (Kaviarasan *i in.*, 2007).

1.6.3. Witaminy i składniki mineralne

Według Leeli i Shafeekh (2008) nasiona kozieradki są bogatym źródłem witamin, tj. choliny, witaminy A, B1, B2, C, kwasu nikotynowego i niacyny. Zgłosili oni również, że kiełkujące nasiona zawierają biotynę, pantotenian wapnia, pirydoksynę, witaminę C i cyjanokobalaminę. Stwierdzili oni również, że narażenie na promieniowanie β i γ znacznie zmniejsza zawartość witamin. Jego liście również zawierają witaminy, ale przy gotowaniu, gotowaniu na parze lub smażeniu 7-11% z nich może zostać utraconych. Nasiona kozieradki zawierają sporą ilość siarki, fosforu (El-Nasri i El Tinay, 2007) i wapnia (Jani *i in.*, 2009). Utrata prawie 10,8 i 7,4% warzyw witaminowych poprzez gotowanie w wodzie lub odpowiednio gotowanie na parze i smażenie, a narażenie kiełkujących nasion na promieniowanie β- i γ- zmniejsza zawartość witaminy C (Srinivasan, 2006).

1.6.4. Włókno i guma

Nasiona kozieradki są bogatym źródłem włókien (50-65 g/100 g), głównie polisacharydów nieskrobiowych (Montgomery, 2009). Według niego medycznie kozieradka jest zdolna do łagodzenia metabolizmu glukozy u ludzi. Ponadto śluzy, garbniki, pektyny i hemiceluloza hamują wchłanianie soli żółciowej w jelicie grubym, a tym samym ułatwiają zmniejszenie gęstości lipoprotein-cholesterolu (LDL) we krwi. Wiąże on toksyny pokarmu i pośrednio chroni błonę śluzową jelita przed rozwojem nowotworu. Ponadto przyczynia się do obniżenia wchłaniania glukozy we krwi i kontroli poziomu cukru, a tym samym ułatwia działanie insuliny. Galaktomannany stanowią główną część błonnika rozpuszczalnego w nasionach, które obniżają wchłanianie glukozy w organizmie (Meghwal i Goswami, 2012). Guma siewna składa się z mannozy i galaktozy, które nadają dużą lepkość roztworowi wodnemu (Youssef *i in.*, 2009). Ma wyższą rozpuszczalność w wodzie dzięki większej zawartości galaktozy w porównaniu z guar i wieloma innymi z tej samej rodziny. Jednak guma kozieradka nie była dobrze wykorzystywana w przemyśle spożywczym. Oczyszczona guma zawiera 0,8% resztkowego białka, które może zmniejszać napięcie powierzchniowe i tworzyć stabilne emulsje z kropelkami oleju (2-3 μm) w porównaniu z innymi hydrokoloidami (Meghwal i Goswami, 2012). Jednym z głównych rozpuszczalnych włókien nasion kozieradki jest galaktomannan, który zmniejsza pobieranie soli żółci w jelicie, a także zmniejsza trawienie i wchłanianie skrobi w organizmie (Mathern *i in.*, 2009). Stwierdzono, że łuska kozieradki jest niezwykłym źródłem błonnika pokarmowego i kwasów fenolowych, które mogą być skutecznym źródłem naturalnych przeciwutleniaczy i naturalnych składników żywności funkcjonalnej (Madhava i in., 2011).

1.6.5. Alkaloidy, flawonoidy i saponina

Kozieradka zawiera różne alkaloidy, flawonoidy i saponiny (Kumar *i in.* , 2012), że ten ostatni jest w najwyższym stężeniu i ma silne właściwości przeciwutleniające związane z jego korzyści zdrowotnych. Co ciekawe, kiełkujące nasiona są pod tym względem korzystniejsze niż niekiełkujące nasiona suche. Z drugiej strony, frakcja wodna kozieradki wykazuje znaczną aktywność antyoksydacyjną niż flawonoidy i fenoliki (Khole *i in.*, 2014). Kozieradka zawiera dość dużą ilość flawonoidów, alkaloidów, saponin i innych przeciwutleniaczy. Zawiera znaczącą klasę związków fenolowych, takich jak kwas galusowy (1,7), kwas protokatechunowy (4,0), katechina (0,4), kwas gentisowy (35,8), kwas chlorogenowy (0,7), kwas waniliowy (58,5) i kwas strzykawkowy (0,3) w miligramach na 100 gramów ekstraktu z nasion (Rababah *i in.*, 2011). Endosperma kozieradki zawiera 35% alkaloidów, głównie *Trigonelline*

(Jani *i in.*, 2009). Flawonoidy stanowią ponad 100 mg/g nasion kozieradki (Naidu *i in.*, 2011). Wszystkie te związki są sklasyfikowane jako biologicznie aktywne, ponieważ po spożyciu mają działanie farmakologiczne na organizm człowieka.

1.6.6. Związki aromatyczne

Aromat nasion kozieradki przypisywany obecności olejków lotnych. Na przykład, Meghwal i Goswami, (2012) wykryli kwas butanowy, 1-okten-3-jeden, 3-izobutylo-2-metoksyypirazynę metodą chromatografii gazowej. Ponadto za pomocą olfaktometrii wykryto diacetyl, linalool, kwas octowy, eugenol, 4-dihydro-2(5H)-furanon, sotolon kwasu kapronowego i kwas izowalerynowy. Sotolon jest substancją dominującą pod tym względem, o silnym metalicznym, grzybopodobnym, pieczarkowym, ostrym, maślanym i korzennym zapachu. Ludzki pot po spożyciu kozieradki wytwarza zapach klonowy dzięki obecności kamfory, octanu nerylowego, 2,5-dimetylopirazyny, 3-oktenu-2-onu, 4-izopropylo-benzaldehydu, β-pinenu i β-kartofilenu.

1.7. Rola fosforu we Fenugreek

Fosfor jest znany jako genetyczna "jednostka pamięci" wszystkich żywych rzeczy i jest niezbędny jako składnik DNA i RNA, które połączyły się ze sobą poprzez związek fosforu (Griffith, 2004). Jest on zaangażowany w rozwój nowych komórek rośliny, gdzie następuje przeniesienie kodu genetycznego z jednej komórki do drugiej. Jest on również włączany do innych związków organicznych, na przykład fosfolipidów, enzymów, białek fosforowych i fosforanu cukru (Theodorou i Plaxton, 1993). Fosforany cukrowe są następnie wykorzystywane jako elementy konstrukcyjne do tworzenia elementów składowych i strukturalnych komórek. Element ten jest również znany jako jednostka energetyczna. Jako katalizator napędza on konwersję reakcji biochemicznych w roślinach. Przechwytuje i przekształca energię ze słońca w niezbędne związki roślinne, takie jak w plonie nasion, transferze genetycznym i strukturze roślin, tworzeniu pożywienia i tworzy ATP podczas fotosyntezy (Theodorou i Plaxton, 1993).

Fosfor jest ważny dla wzrostu sadzonek, rozwoju korzeni, produkcji nasion, tworzenia kwiatów, wytrzymałości łodyg i szypułek, jakości upraw, a także poprawia zdolność do wytrzymywania niekorzystnych warunków środowiskowych oraz odporność na choroby roślin. Uruchamiając tworzenie się korzeni, zwiększa zdolność roślin do pobierania wody i innych składników odżywczych (Sandra, 2011). Korzeń pozyskuje z roztworu glebowego składniki odżywcze, które mają bardzo niską koncentrację. Ruch składników odżywczych wewnątrz rośliny wymaga wysokoenergetycznych związków fosforu, aby przeciwdziałać siłom osmozy. Zwiększa on wiązanie N roślin strączkowych poprzez inicjowanie węzłowania korzeni. Dostępność P w roślinie zwiększa plon zarówno bylin, jak i rocznych roślin strączkowych (Moir *i in.*, 2012). Ilość P jest mała na powierzchni gleby (0,60%) (Griffith, 2004) i może być otrzymywana z fosforanu skalnego. Ten istotny składnik odżywczy jest potrzebny w dużej ilości do szybkiego wzrostu, zwłaszcza roślin jednorocznych, takich jak rośliny strączkowe, podczas gdy rośliny uprawiane w ciepłym klimacie wymagają najmniejszej ilości. Korzenie mogą absorbować fosfor głównie w postaci pierwotnego jonu ortofosforanu (H2PO4), a nie wtórnego ortofosforanu (HPO4) (Sandra, 2011). Ta ostatnia forma może bowiem zwiększać pH gleby. Deficyt fosforu można zaobserwować na podstawie nieprawidłowego przebarwienia, rozwoju nasion, zahamowania wzrostu roślin, dojrzewania i spadku powierzchni liści oraz liczby liści. Przebarwienie może wystąpić na liściach (ciemnoniebieskie - zielone) i łodygach (purpurowe) na skutek nagromadzenia w liściach cukrów pochodzących z syntezy antocyjanów (Griffith, 2004).

Nieodpowiedniość fosforu może również prowadzić do zmniejszenia liczby nasion, ich żywotności i wielkości. Fosfor przyczynia się do rozwoju kwiatów i owoców, a także wzrostu roślin i systemu korzeniowego. Fosfor ma wpływ na inicjowanie rozwoju guzów oraz efektywność relacji symbiozy między kłączem a roślinami strączkowymi (Nyoki i Ndakidemi, 2014).

1.7.1. Rola fosforu we wzroście i rozwoju roślin

Wymagania roślin żywicielskich w zakresie optymalnego wzrostu i symbiotycznych procesów wiązania dinitrogenów dla fosforu zostały ocenione poprzez określenie rozwoju i funkcjonowania guzów (Chaudhary *i in.,* 2008). Rośliny strączkowe mają zazwyczaj większe zapotrzebowanie na fosfor niż zboża ze względu na ich mniej rozgałęzione i mniej włókniste systemy korzeniowe (Vanlauwe *i in*., 2010).

Fosfor jest potrzebny w stosunkowo dużych ilościach przez rośliny strączkowe i oprócz promowania wzrostu roślin strączkowych gospodarza; odgrywa on szczególną rolę w utrwalaniu N2 oraz inicjowaniu, wzroście i rozwoju guzków (Leidi i Rodiguez-Navarro, 2000). Serraj *et al.* , (1998) sprecyzowali dalej, że tworzenie się guzków i ich funkcja są ważnymi pochłaniaczami fosforu, a guzki mają zazwyczaj najwyższą zawartość fosforu w roślinie. W związku z tym warunki niedoboru fosforu powodują zmniejszenie symbiotycznego potencjału wiązania azotu, a nawożenie fosforem zwykle prowadzi do zwiększenia liczby guzków i masy, a także większej aktywności wiązania azotu na roślinę i w rezultacie niedobór fosforu stał się czynnikiem ograniczającym produkcję roślinną w glebach rolniczych na całym świecie (Dotaniya *i in.* , 2013).

Fosfor ma kluczowe znaczenie w metabolizmie roślinnym, który odgrywa ważną rolę w przekazywaniu energii komórkowej, oddychaniu, fotosyntezie i jest kluczowym składnikiem strukturalnym koenzymów kwasów nukleinowych, białek fosforowych i fosfolipidów. Nawożenie fosforem jest głównym składnikiem w produkcji roślinnej (Blackshaw *i in.* , 2004).

Fosfor jest niezbędny dla ogólnego zdrowia rośliny i rozwoju korzeni oraz większej siły pędów. Poprawia tworzenie się kwiatów i sprawia, że produkcja nasion jest bardziej jednolita. Poprawia również jakość nasion i odporność na choroby roślin. Wzrost roślin i plon nasion zwiększono w kozieradce, stosując fosfor w ilości 26 kg P (60 kg P2O5) ha-1 (Bhairagi, 2014). Sharma *i in.* , (2014) uzyskali maksymalną liczbę gałązek pierwotnych rośliny-1, strąków rośliny-1, nasion strąków-1, plon nasion. Fosfor jest niezbędny dla wielu procesów metabolicznych zarówno w tkance roślinnej, jak i zwierzęcej. Do istotnych funkcji i cech roślin, na które fosfor ma istotny wpływ, należy fizjologia roślin, w tym podstawowe procesy fotosyntezy, rozmnażania, kwitnienia, owocowania (w tym produkcji nasion) i dojrzewania (Brady i Weil, 2002).

1.7.2. Losy fosforu w roztworze glebowym

Fosfor został uznany za jeden z ważnych elementów w żywieniu roślin (Dotaniya *i in.*, 2014). Fosfor jest ważnym składnikiem odżywczym, szczególnie dla roślin strączkowych w celu zwiększenia ich wydajności. Fosfor stymuluje wczesny rozwój korzeni, wielkość liści, krzewienie się, kwitnienie, plon ziarna i przyspiesza dojrzewanie. Jest składnikiem niektórych kwasów nukleinowych, czyli fosfolipidów, chromosomów i koenzymów: dinukleotydu nikotynomido-adeninowego (NAD), trifosforanu adenozyny (ATP) i fosforanu dinukleotydu nikotynamido-adeninowego

(NADP). Fosfor jest niezbędny do podziału komórek, rozwoju nasion i owoców. Przeprowadzono szereg doświadczeń badawczych mających na celu określenie jego składu chemicznego w układzie gleba-roślina. Wiadomo, że gleby są bardzo zróżnicowane pod względem zdolności do dostarczania fosforu do upraw, ponieważ tylko niewielka jego część w roztworze glebowym jest w formie dostępnej dla upraw (Dotaniya *i in.*, 2014).

Ponadto fosfor występuje w bardzo niskich stężeniach w roztworze glebowym. Jego pobieranie przez rośliny powoduje dalsze obniżenie jego stężenia w roztworze glebowym, szczególnie w pobliżu strefy korzeniowej roślin (Dotaniya *i in.*, 2013). W wyniku tego niedobór fosforu stał się czynnikiem ograniczającym produkcję roślinną w glebach rolniczych na całym świecie (Dotaniya *i in.*, 2013).

1.7.3. Dostępność fosforu

Chociaż całkowita ilość fosforu w glebie może być wysoka, często występuje on w postaci niedostępnej lub w postaci, która jest dostępna tylko poza ryzosferą (Holford, 1997). Dostępność fosforu jest szczególnie niepokojąca w silnie zwietrzałych i wulkanicznych glebach wilgotnych obszarów tropikalnych i subtropikalnych, gdzie wydajność upraw jest poważnie zagrożona z powodu braku dostępnego fosforu (Sanchez *i in.*, 1997). Około 80% fosforu staje się nieruchome i niedostępne dla roślin z powodu adsorpcji, opadów lub przejścia do formy organicznej, dlatego też fosforan jest bardzo stabilny i nierozpuszczalny, a jego niewielka część występuje w roztworze glebowym (Holford, 1997). Tak więc, oprócz słabej rozpuszczalności rodzimej gleby P, czasami może być nagromadzenie nierozpuszczalnego fosforu, ze względu na nawóz fosforowy stosowany przez długi okres czasu. Dostępność roślin fosforowych zwiększa plon zarówno roślin wieloletnich, jak i jednorocznych roślin strączkowych (Moir *i in.*, 2012).

Przy niskiej dostępności fosforu w glebie, większość gatunków roślin jest uzależniona od symbiotycznego powiązania z grzybami mikoryzowymi (AMF) w celu pozyskania fosforu (Smith i Read, 1997). Przy niskim nakáadzie nawozów N dostępność fosforu w glebie jest zwykle gáównym czynnikiem ograniczającym poziom utrwalania N2 w uprawach roĞlin strączkowych (Toro *i in.*, 1998), a w przypadku braku zakaĪenia AMF, dodatkowe nawoĪenie fosforem jest generalnie konieczne do utrzymania poziomu utrwalania N2 przez Rhizobium na poziomie koniecznym dla ekonomicznej produkcji roĞlinnej (Andrade *i in.*, 1998).

1.7.4. Role fosforu na pobieranie składników pokarmowych przez rośliny strączkowe

Fosfor odgrywa istotną rolę w procesie fizjologicznym i rozwojowym w życiu roślin, a korzystne działanie tego ważnego składnika odżywczego mogło przyspieszyć proces wzrostu, który zwiększa pobór N przez rośliny (Alam i Pessarakli, 1999). Wpływa na rozwój guzów poprzez swoje podstawowe funkcje w roślinach jako źródła energii i odgrywa istotną rolę w zwiększaniu wzrostu wierzchołków i korzeni roślin, skracając czas potrzebny na rozwój guzów, aby stały się aktywne i korzystne dla roślin strączkowych gospodarza. Ponadto P zwiększa liczbę i wielkość guzków oraz ilość azotu asymilowanego na jednostkę masy guzków, zwiększając procent i całkowitą ilość azotu w zebranej części rośliny strączkowej gospodarza oraz poprawiając gęstość bakterii Rhizobia w glebie otaczającej korzeń (Bashir *i in.*, 2011). Fosfor powoduje zdolność do katalizowania stresu w symbiotycznej relacji bakterii korzeniowych i roślin strączkowych (Tsvetkova i Georgiev, 2003).

Niewystarczająca ilość fosforu ogranicza wzrost korzeni, proces fotosyntezy, translokację cukrów i inne tego typu funkcje, które bezpośrednio lub pośrednio wpływają na wiązanie azotu przez rośliny strączkowe (Olivera *i in.*, 2004). Fosfor jest również niezbędnym składnikiem dla bakterii Rhizobium w celu przekształcenia atmosferycznej formy N2 w amon (NH4) nadającej się do wykorzystania przez rośliny.

Badania wykazały, że wzmocniony fosforem system korzeniowy, który zapewnia większy kontakt między korzeniami a glebą, a ostatecznie większe pobieranie fosforu i innych ważnych i mało ruchliwych składników odżywczych oraz absorpcję wyższej koncentracji składników mineralnych (Zafar *i in.*, 2013). Olivera *i in.* (2004) poinformowali, że stosowanie fosforu w uprawach roślin strączkowych zwiększyło biomasę roślin, w tym biomasę guzowatą i zawartość P w pędzie zwiększoną o szybkość wiązania azotu.

Tairo i Ndakidemi (2014) na wpływ fosforu na pobór składników pokarmowych stwierdzili, że podaż fosforu istotnie wpłynęła na pobór Zn, Cu i Mn w doświadczeniu szklarniowym. Najwyższy pobór w Zn zaobserwowano dostarczając 20 i 40 kg Pha-1, natomiast dla Cu najlepszy pobór odnotowano dostarczając 40-80 kg P ha-1 w zależności od zabiegu kontrolnego (Tairo i Ndakidemi, 2014). Pobór Mn był istotnie wyższy przez zastosowanie 80 kg P2O5 ha-1relatywu do wszystkich pozostałych zabiegów. Podaż fosforu istotnie zwiększyła pobór tylko Cu i Mn oraz liczbowo zwiększyła pobór Zn i Fe w doświadczeniu polowym, ale wzrost ten nie był istotny statystycznie.

Nyoki i Ndakidemi (2014) poinformowali o wpływie suplementacji fosforem na rzepak i stwierdzili, że podaż fosforu spowodowała znaczny wzrost wchłaniania pędów Cu, Fe i Mn w pomieszczeniu do badań przesiewowych oraz wzrost wchłaniania pędów Fe i Mn nad kontrolą. Odnotowano również istotny spadek wchłaniania pędów Fe o 18,2% oraz wzrost wchłaniania pędów Mn o 162,2% przy 80 kg P2O5 ha-1 w stosunku do kontroli. Stwierdzono, że fosfor może odgrywać kluczową rolę w zwiększaniu pobrania składników pokarmowych przez rośliny strączkowe uprawiane na różnych glebach (Nyoki i Ndakidemi, 2014).

1.8. Wpływ nawozów fosforowych na składniki modulacji, wzrostu upraw i plonów

Fosfor jest niezbędnym składnikiem odżywczym zarówno jako część kilku kluczowych związków strukturalnych roślin, jak i jako katalizator w wielu kluczowych reakcjach biochemicznych u roślin. Jest on również zauważany szczególnie ze względu na jego rolę w wychwytywaniu i przekształcaniu energii słonecznej w użyteczne związki roślinne (Cordell *i in.*, 2009). Gdy fosfor jest ograniczony w glebie, najbardziej uderzającym efektem jest zmniejszenie ekspansji i powierzchni liści, a także liczby liści. Niedobór fosforu może również ograniczyć wiązanie azotu poprzez jego wpływ na wzrost i przetrwanie kłączy, tworzenie się guzów, funkcjonowanie guzów i wzrost roślin żywicielskich (Tang *i in.*, 2001).

Zafar *i wsp.* (2011) badali, że wpływ zintegrowanej podaży fosforu i wzrostu roślin sprzyjających rozwojowi kłączy, na wzrost, kiwakowanie, plonowanie i pobieranie składników pokarmowych w *Phaseolus vulgaris wskazywał*, że dwa mineralne nawozy fosforowe w dawce 60 kg P/ha fosforanu diamonowego i potrójnego superfosfatu zwiększyły wysokość roślin, liczbę guzków na roślinie, guzki na świeżej masie i guzki na suchej masie. Serraj *et al.* (1998) sprecyzowali dalej, że tworzenie się guzków i ich funkcja są ważnymi pochłaniaczami fosforu, a guzki mają zazwyczaj największą zawartość fosforu w roślinie. W związku z tym warunki niedoboru fosforu powodują zmniejszenie symbiotycznego potencjału wiązania azotu, a nawożenie fosforem zwykle prowadzi do zwiększenia liczby guzków i masy, a także większej aktywności wiązania azotu na roślinę.

Rahman *et al.* (2007) zaobserwowali również największą liczbę strąków na roślinę, długość strąków i obwód strąków fasoli francuskiej przy zastosowaniu zabiegu, który otrzymał 60 kg P ha-1 w porównaniu z 0 i 40 kg P ha-1· El-Gizawy i Mehasen (2009) odnotowali najwyższą wysokość roślin, liczbę gałązek, masę 100 nasion i plon nasion bobiku (*Vacia faba*) przy zastosowaniu 30 kg P/ha. Niemniej jednak Liebenberg (2002) poinformował, że w produkcji handlowej reakcje plonowania na nawożenie fosforem w fasoli suchej nie są dramatyczne, a fosfor nie jest zwykle czynnikiem ograniczającym plonowanie. Jednak w przypadku produkcji na własne potrzeby, gdzie stosuje się małe ilości nawozów, fosfor może być czynnikiem ograniczającym plony. Sugeruje to, że zapotrzebowanie na fosfor do produkcji maksymalnych plonów może się różnić w zależności od stanu odżywienia gleby.

1.8.1. Nodulacja

Guzki są organami, które składają się głównie z komórek roślinnych zakażonych bakteriami, które dostarczają roślinie żywicielskiej stałego azotu. Prawidłowy rozwój guzków wymaga syntezy i percepcji cząsteczek sygnałowych, takich jak lipochitooligosacharydy, zwane czynnikami guzkowymi, które są ważne dla indukcji rozwoju guzków (Swanson *i in.,* 1987). Generalnie proces powstawania guzków w roślinach strączkowych jest procesem genetycznym. Graham (2000) poinformował, że zidentyfikowano zarówno geny guzkowe wspólne, jak i specyficzne dla żywiciela, z których większość wyrażona jest tylko w obecności odpowiedniego żywiciela.

Zakażenie Rhizobium uszkadza roślinę strączkową i w odpowiedzi na ten bodziec liczne komórki roślinne w tkance tłuszczowej merystemu wytwarzają się w bezpośrednim sąsiedztwie zakażenia w wyniku sygnalizacji molekularnej między żywicielem a Rhizobium. Rhizobium uwalniają cząsteczki sygnału mitogenicznego, które mogą indukować podziały komórek w korze korzeni roślin (Kijne, 1997). Korzenie roślin strączkowych reagują na te mitogeny tworząc guzki korzeniowe jako wynik końcowy. Guzki te są wtedy w zasadzie niczym więcej niż masą tkanki korzeniowej, w której żyją bakterie. Kłącza w glebie są zdolne do zarażania korzeni podatnych roślin, aby produkować guzki korzeniowe. Guzki te mają strukturę charakterystyczną dla różnych związków symbiotycznych. Zarówno roślina jak i bakterie infekujące kontrolują rozwój tej struktury (Tate, 2000).

Po przyczepieniu komórki kłącza do korzenia rośliny strączkowej powstaje nić infekcyjna rozprzestrzeniająca się po włosach korzenia. Rozwój tej struktury jest inicjowany przez deformację włosa korzenia, która jest wywoływana przez egzopolisacharydy tworzone przez komórkę kłącza (Battistis *i in.*, 1992). Tate (2000) wskazał, że ściana włosa korzeniowego tworząca celulozową nić infekcyjną służy jako środek inwazji komórek bakteryjnych w środkowe porcje tego, co staje się guzikiem. Następnie wskazał, że inwazyjne komórki kłącza przechodzą przez nić infekcyjną do komórek korzenia przylegających do włosa. Te komórki korzeniowe zostają następnie zainfekowane inwazyjnymi komórkami kłącza.

1.8.2. Proces węzełkowania w roślinach strączkowych

Guzki są organami, które składają się głównie z komórek roślinnych zakażonych bakteriami, które dostarczają roślinie żywicielskiej stałego azotu. Prawidłowy rozwój guzków wymaga syntezy i percepcji cząsteczek sygnałowych, takich jak lipochitooligosacharydy, zwane czynnikami guzkowymi, które są ważne dla indukcji rozwoju guzków (Swanson *i in.* , 1987). Generalnie, proces powstawania guzków w roślinach strączkowych jest procesem genetycznym. Graham (2000) poinformował, że zidentyfikowano zarówno geny guzkowe wspólne, jak i specyficzne dla żywiciela, z których większość wyrażona jest tylko w obecności odpowiedniego żywiciela.

Infekcja Rhizobium uszkadza roślinę strączkową, a w odpowiedzi na ten bodziec w bezpośrednim sąsiedztwie infekcji powstają liczne komórki roślinne w tkance merystematycznej w wyniku sygnalizacji molekularnej pomiędzy gospodarzem a Rhizobium. Rhizobium uwalnia cząsteczki sygnału mitogenicznego, które mogą wywołać podziały komórek w korze korzeni roślin (Kijne, 1997). Korzenie roślin strączkowych reagują na te mitogeny tworząc guzki korzeniowe jako wynik końcowy. Guzki te są w istocie niczym więcej jak tylko masą tkanki korzeniowej, w której żyją bakterie. Rizobia w glebie jest w stanie zainfekować korzenie podatnych roślin do produkcji guzków korzeniowych. Guzki te mają strukturę charakterystyczną dla różnych związków symbiotycznych. Zarówno roślina jak i bakterie infekujące kontrolują rozwój struktury (Tate, 2000). Kiedy komórka kłącza przyłączy się do korzenia rośliny strączkowej, tworzy się nić infekcyjna rozprzestrzeniająca się po włosku korzenia. Rozwój tej struktury jest inicjowany przez deformację włosa korzenia, która jest wywoływana przez egzopolisacharydy tworzone przez komórkę kłącza (Battistis *i in.*, 1992).

Badanie przeprowadzone przez Tate'a (2000) wskazuje, że ściana włosa korzenia tworząca nić infekcji celulozowej służy jako środek inwazji komórek bakteryjnych do centralnej części tego, co staje się guzem. Następnie wskazał, że inwazyjne komórki kłączowe przechodzą przez nić infekcyjną do komórek korzenia przylegających do włosa. Te komórki korzeniowe zostają następnie zainfekowane inwazyjnymi komórkami kłącza.

1.8.3. Nodulacja w odpowiedzi na fosfor

Fosfor jest ważny w odniesieniu do wczesnego stadium zakażeń. Oddziaływuje on bezpośrednio na bakterie, a nie na rośliny. Aby kłącza migrowały przez glebę w kierunku systemu korzeniowego, komórki muszą być w stanie puchnięcia, w stanie biczowania, a fosfor ma wyraźny wpływ stymulujący na utrzymanie tego stanu puchnięcia (Tate, 2000). Fosfor odgrywa również niewątpliwie najważniejszą rolę w utrzymaniu populacji kłączowatych w glebie na wysokim poziomie.

Rozwój guzka korzeniowego można podzielić na trzy główne etapy poprzedzające zakażenie, inicjację guzka i różnicowanie. W fazie wstępnej, która jest fazą przed zakażeniem, flawonoidy, które są uwalniane przez włoski korzenia rośliny strączkowej jako chemotaksja dla symbiontów kłączowych, a także wyzwalają ekspresję genów guzków (Eckardt, 2006). Ekspresja genu wytwarza czynnik guzkowy, który uaktywnia serię sekwencyjnych zdarzeń, w tym zwijanie się włosków korzenia wokół inwazji kłącza, inwazja kłącza na rośliny przez nić infekcyjną i początek podziału komórek kory korzenia, które wskazują na tworzenie się guzków w najwcześniejszym stadium. Z obecności flawonoidów w warstwie gleby bezpośrednio przylegających do korzeni roślin, gdzie aktywność mikrobiologiczna jest najwyższa, rizobia kolonizować i rozmnażać (Hopkins i Hurner, 2004). Fosfor jest niezbędny dla ogólnego zdrowia rośliny i rozwoju korzeni oraz większej siły pędów. Poprawia tworzenie się kwiatów i sprawia, że produkcja nasion jest bardziej jednolita. Poprawia też jakość nasion i odporność na choroby roślin. Fosfor ma stymulujący wpływ na wzrost guzków i aktywność nitrogenazy w guzkach roślin strączkowych (Tang *i in.*,

2001). Z drugiej strony jego niedobór powoduje zmniejszenie masy guzowatej i liczby guzków.

1.9. Plon nasion i związane z nim cechy w reakcji na fosfor

Wydajność nasion roślin strączkowych jest na ogół procesem bardziej skomplikowanym niż w przypadku zbóż, ponieważ rozwój organów generatywnych jest stosunkowo stopniowy i może się przedłużyć, jeżeli warunki zewnętrzne, takie jak składniki odżywcze gleby i inne czynniki środowiskowe, nie będą sprzyjać (Tilahun, 2006). Według Girma *i in.* , (2003), na plony nasion istotny wpływ ma stosowanie nawozów fosforowych oraz wzajemne oddziaływanie azotu i fosforu. Zaobserwował on, że największy plon nasion fasoli szparagowej uzyskuje się przy 40 kg P2O5 ha-1 i nie stwierdzono istotnej różnicy w plonowaniu z powodu stosowania nawozu azotowego.

Odpowiedź różnych dawek fosforu na plon nasion i związane z tym cechy kozieradki jest zupełnie inna, jak podają różni autorzy. Raporty Agri-fax (1998) wykazały, że zastosowanie 60 kg P2O5 ha-1 zwiększyło plon nasion, przyspieszyło kwitnienie i zmniejszyło wysokość roślin w porównaniu zarówno z kontrolą nienawożoną, jak i dawką 30 kg P2O5 ha-1. Jednakże kilka doświadczeń w Indiach wykazało, że wzrost i plon kozieradki odpowiada 12-20 kg P2O5 ha-1 (Nehara *i in.,* 2002). W innym doświadczeniu, Jat i Shaktawat (2001) stwierdzili wzrost plonu nasion w odpowiedzi na 34 kg P2O5 ha-1. Patel i in. , (1991) nie znaleźli odpowiedzi na plonowanie 8,5 lub 17 kg ha-1 fosforu w serii doświadczeń przeprowadzonych w ciągu trzech lat na glebie piaszczysto-gliniastej. Różne reakcje zgłaszane przez autorów mogą wynikać z faktu, że o dostępności fosforu nieorganicznego decydują różne czynniki, takie jak pH gleby, rozpuszczalne żelazo, glin i mangan, obecność żelaza, glinu i manganu zawierających minerały, dostępne minerały wapniowe i wapniowe, ilość rozkładu materii organicznej oraz aktywność mikroorganizmów (Miller i Donhaue, 1995).

Fosfor jest ważny dla optymalnego tworzenia się guzów, kwiatów i nasion oraz zaawansowania dojrzałości roślin (Acharya *i in.*, 2007). Według Yemane i Skjelvåg (2003) reakcja trzech dawek fosforu odpowiadających zeru, 30 i 60 kg ha-1 P2O5 badanych dla Dekoko (*Pisum sativum* var. *byssinicum*); biomasa, wskaźnik powierzchni liści, rozgałęzienia/rośliny, strąki/m2 i plon odpowiadały dodatnio, podczas gdy nasiona/ptaki i masa nasion nie wpływały istotnie na fosfor. Wzrost poziomu fosforu z 0 do 60 kg ha-1 zwiększał wysokość roślin, liczbę rozgałęzień/liczbę strąków/rośliny, masę nasion, plon nasion/rośliny, plon nasion/ha i słomy/ha soczewicy (Zeidan, 2007).

1.9.1. Plon nasion i jego związek z innymi cechami

Plon nasion roślin strączkowych jest iloczynem liczby roślin (lub osi owocowych) na jednostce powierzchni, liczby strąków na roślinie, liczby nasion w strąku i masy nasion 1000. Te czynniki plonotwórcze są czynnikiem determinującym wydajność ekonomiczną i różnią się w czasie. Liczba strąków na roślinę lub nasion w strąku zależy od liczby wyprodukowanych gałęzi i liczby dobrze rozwiniętych strąków/nasion (Tilahun, 2006). W przypadku kozieradki sprawozdania wskazują, że wydajność nasion z jednej rośliny miała istotny związek z wydajnością biomasy z jednej rośliny i liczbą strąków (Feysal, 2006). Podobnie Zeidan (2007) stwierdził, że wysokość roślin, liczba gałęzi na roślinie, liczba strąków/rośliny oraz masa 1000 nasion były związane z wydajnością nasion.

2. MATERIAŁY I METODY

2.1. Opis obszaru eksperymentalnego

Obszar badań, Dystrykt Mida-kegn znajduje się w strefie West Showa, OromiaRegionalny Stan Narodowy, Zachodnia Etiopia 232 km od Addis Abeba i 107 km od miasta Ambo w kierunku zachodnim. Położony jest na 9o 15′ szerokości geograficznej północnej i 37° 66′ długości geograficznej wschodniej na wysokości 1972 m n.p.m. Wysokość nad poziomem morza waha się od 1600 do 3058 m.n.p.m. Klimat dzieli się na trzy strefy agro-klimatyczne: wysoki (12,5 %), środkowy (*Weynadega*) 50 % i niski (*Kola*) 37,5 % (Biuro Rolnictwa Mida Kegn, 2016).

Średnia roczna temperatura wynosi 10-28°C; średnia roczna suma opadów wynosi 1200-1600 mm (Mida Kegn Agriculture Office, 2016).Ogólnie rzecz biorąc, średnie miesięczne maksymalne i minimalne temperatury oraz rozkład opadów są odpowiednie dla produkcji kozieradki. Typem gleby jest ił gliniasto-mułowy. Głównymi uprawami na tym obszarze są zboża (pszenica, jęczmień, kukurydza i teff) i rośliny strączkowe (kozieradka, ciecierzyca, groch siewny, bobik i soczewica) oraz warzywa (cebula, czosnek, ziemniak i pomidor) w warunkach deszczowych.

2.2. Materiały eksperymentalne

Z DZARC uzyskano dwie ulepszone odmiany kozieradki (Chala i Hundaol) wydane przez Ośrodek Badań Rolniczych w Debrzeit, wykorzystane w bieżących badaniach oraz nasiona.

2.3. Pobieranie próbek gleby i jej analiza

Przed siewem próbki gleby (o głębokości 0-20 cm) pobierano po przekątnej z pięciu miejsc z całego pola doświadczalnego i mieszano, aby uzyskać jedną próbkę złożoną. Próbki pobrano do Laboratorium Glebowego Centrum Badań Rolniczych Holeta w celu analizy pH gleby, węgla organicznego, azotu ogólnego, fosforu dyspozycyjnego i zdolności wymiany kationowej (CEC) i poddano analizie w oparciu o standardowe procedury.

Węgiel organiczny został oznaczony metodą Walkleya i Czarnego (Neilson i Sommers, 1982). Azot całkowity analizowano i oznaczano metodą mineralizacji Micro-Kjeldahla (Jackson, 1962). Stosunek pH gleby do wody oznaczono na glebach 1:2,5 (H2O) (masa/objętość) za pomocą pehametru (Motsara i Roy, 2008). Zdolność wymiany kationowej (CEC) mierzono po nasyceniu gleby 1N octanem amonu (NH4OAc) i wyparciu jej 1N NaOAc (Chapman, 1965). Dostępny fosfor oznaczono metodą Braya II (FAO, 2008). Strukturę gleby w miejscu doświadczenia określono metodą opisaną przez Yerima *et al.*, (1993).

2.4. Leczenie i projektowanie eksperymentalne

Zabiegi polegały na czynnikowej kombinacji pięciu dawek nawozu fosforowego (0, 23, 46, 69 i 92 kg P2O5ha-1) oraz trzech odmian kozieradki (Chala, Hundaol i Local). Doświadczenie opracowano w postaci randomizowanej, pełnej konstrukcji blokowej z trzema replikacjami.

2.5. Procedura eksperymentalna i zarządzanie w terenie

Pole doświadczalne zostało zaorane i uprzątnięte przez woły i sproszkowane do drobnego nachylenia przez ręczne kopanie. Na każdej działce zaznaczono blokadę i wymaganą liczbę rzędów zgodnie z proponowanym odstępem i wykonano rzędy do posadzenia nasion. Działki zostały wypoziomowane ręcznie. Powierzchnia brutto 2,5 m × 2 m (5 ^{m2}), na której znajdują się dziesiątki rzędów, oraz odmiany zostały posadzone w rozstawie odpowiednio 20 cm i 10 cm między rzędami i roślinami. Sześć środkowych rzędów wykorzystano do zbierania danych o plonach, a dwa rzędy do niszczącego pobierania próbek. Dwa rzędy zostały pominięte jako rzędy graniczne w celu uniknięcia efektów brzegowych. Wielkość zebranego plonu netto wynosiła 3m2 = (1,2 m x 2,5 m).

Aplikacja superfosforanu potrójnego (TSP) została wykonana poprzez opasanie nasion kozieradki podczas siewu na podstawie każdego z zabiegów. Nasiona kozieradki wysiewano w rzędach na przygotowanym, drobnym podłożu 22 sierpnia 2018 roku. Azot w dawce 20 kg ha-1 został zastosowany we wszystkich zabiegach jako nawóz startowy w czasie siewu. Wszystkie zabiegi agronomiczne zostały podjęte zgodnie z zaleceniami uprawowymi. Zbiór przeprowadzano w fazie dojrzałości fizjologicznej. Zebrany plon kozieradki suszono na słońcu przez tydzień, a następnie młócono.

2.6. Gromadzenie danych i pomiary

2.6.1. Fenologia upraw i parametr wzrostu

Dni do 50 % wschodów: na podstawie obserwacji wizualnej stwierdzono liczbę dni od daty siewu do 50 % wschodów sadzonek.

Dni do 50% kwitnienia: na podstawie obserwacji wizualnej stwierdzono liczbę dni od daty wschodu do pojawienia się pierwszego kwiatu u 50% roślin.

Dni do 90% dojrzałości: rejestrowano licząc dni od wschodu do dni, w których około 90% roślin na poletku osiągnęło dojrzałość fizjologiczną (liście i kapsułki zmieniły kolor na żółto-zielony) na podstawie obserwacji wizualnej.

Wysokość rośliny: Wysokość pięciu losowo wybranych, wstępnie oznakowanych roślin w okresie fizjologicznej dojrzałości z każdej powierzchni netto mierzono od podłoża do szczytu rośliny na centymetrach (cm).

Liczba odgałęzień pierwotnych na roślinę*:* liczbę odgałęzień pierwotnych w pięciu losowo wybranych roślinach oznaczonych etykietami wstępnymi rejestrowano w fazie dojrzałości fizjologicznej, a ich średnią wyrażono jako liczbę odgałęzień pierwotnych na roślinę.

2.6.2. Parametry węzłowania

Całkowita i efektywna liczba guzków*:* Pięć roślin zostało pobranych losowo z destrukcyjnego rzędu każdej z działek w połowie okresu kwitnienia. Korzenie zostały starannie wyeksponowane z dużą ilością masy korzeniowej i guzków przy użyciu łopatki. Guzki oddzielono od gleby, wypłukano i poprzez liczenie określono ich całkowitą liczbę. Następnie guzki efektywne i nieefektywne oddzielono kolorem, w którym przekrój guzka efektywnego wykonanego scyzorykiem miał kolor od różowego do ciemnoczerwonego, natomiast zielony wskazywał na nieefektywne kłody.

Objętość guzków*:* Objętość guzków pobranych z pięciu roślin próbnych oznaczono przez wyparcie wody przy użyciu 30 ml cylindra z podziałką. Objętość podzieloną przez liczbę roślin wykorzystano do uzyskania objętości guzków na roślinę.

2.6.3. Składniki plonów i wydajność

Liczba strąków na roślinę: została obliczona na podstawie pięciu losowo wybranych roślin z każdej z powierzchni netto w momencie zbioru, a średnia została wyrażona jako liczba strąków na roślinę.

Liczba nasion w strąku: Łączna liczba strąków z pięciu losowo wybranych roślin została policzona i wymłócona, a liczba nasion została policzona i łączna liczba nasion została podzielona przez łączną liczbę strąków w celu obliczenia średniej liczby nasion w strąku.

Masa tysiąca nasion: Określono ją na podstawie masy 1000 nasion pobranych z plonów nasion z każdego poletka, które policzono i zważono czułą wagą.

Sucha biomasa: W momencie osiągnięcia dojrzałości fizjologicznej, rośliny z sześciu środkowych rzędów powierzchni netto o wymiarach 1,2 x 2,5 m (3 ^{m2}) były zbierane ręcznie blisko powierzchni ziemi. Zebrane rośliny suszono na słońcu na wolnym powietrzu, ważono w celu określenia plonu biomasy roślin naziemnych.

Plon nasionTe same sześć centralnych rzędów rozpatrywanych pod kątem plonu biomasy naziemnej zostało zmłóconych w celu określenia plonu nasion. Ostatecznie zmierzono i przeliczono plon z działki na bazę hektarową, a średni plon podano w kg ha-1.

Wskaźnik zbioru: obliczono, dzieląc plon ziarna z hektara przez całkowity, wyrażony w procentach, plon suchej biomasy z hektara.

2.7. Analiza statystyczna

Zebrane dane zostały poddane analizie wariancji (ANOVA) z wykorzystaniem procedury General Linear Models (GLM) z 15. edycji GenStat (GenStat, 2012). Obliczono średnie wartości wszystkich zabiegów i zbadano różnice pod względem istotności za pomocą testu na najmniej istotne różnice (LSD) na poziomie prawdopodobieństwa 0,05.

2.8. Analiza ekonomiczna

Analizę ekonomiczną plonu ziarna przeprowadzono przy zastosowaniu procedury częściowego budżetu opisanej przez CIMMYT (1988). Częściowy budżet został oszacowany dla średniego plonu różnych kombinacji zabiegów. Do analizy wykorzystano aktualne ceny kozieradki, koszt potrójnego superfosfatu (TSP) oraz zarejestrowany koszt pracy w przeliczeniu na zabiegi dla aplikacji TSP.

W celu oszacowania parametrów ekonomicznych, stopę kapitalizacji kozieradki wyceniono na średnią cenę rynkową ETB 45,00 za kg. W celu oszacowania całkowitych kosztów zmiennych, średni aktualny koszt fosforu (ETB 1300/100 kg P2O5) i pracy przy aplikacji nawozu TSP wynosił 4 osoby dziennie. Stawka wynagrodzenia na pracownika wynosiła 50 Birr na dzień.

2.9. WYNIKI I DYSKUSJA GLEBA Właściwości fizykochemiczne ośrodka doświadczalnego

Wybrane właściwości fizykochemiczne gleby określono na podstawie próbek gleby kompozytowej pobranych na głębokości 0-20 cm przed siewem (tabela 1). Właściwości fizykochemiczne gleb miejsca doświadczenia wykazały, że są to gleby gliniaste o konsystencji ilastej i silnie kwaśnej (pH = 5,5) z podłożem w postaci węgla organicznego (1,87%) i zawartości azotu ogólnego 0,23% według Tekalign (1991). Zawartość przyswajalnego fosforu w glebie na stanowisku badawczym wynosiła 8,30mg/kg, co klasyfikuje się jako niskie. Zdolność kationowymienna gleby wynosiła 21,51 cmol $^{(+)}$ kg-1, co stanowiło kategorię średnią (Roy *i in.*, 2006). W związku z tym na podstawie aktualnych wyników badań laboratoryjnych stwierdzono, że gleby na terenie doświadczenia były umiarkowanie odpowiednie do wzrostu i produkcji kozieradki.

Tabela 1: Właściwości fizykochemiczne gleby w miejscu doświadczenia przed siewem

Głębokość gleby (cm)	Właściwości fizyczne				Właściwości chemiczne				
	Glina (%)	Muł (%)	Piasek (%)	Klasa tekstowa	pH (H20)	TN (%)	CEC (cmol(+)/kg	OC (%)	Av.P (mg/kg
0-20	42	37.5	20.5	Glina iłowa	5.5	0.23	21.51	1.87	8.3

Gdzie, pH = potencjalny wodór, TN = azot całkowity, CEC = zdolność kationowymienna, OC = węgiel organiczny, Av.P = dostępny fosfor.

2.10. Fenologia upraw i parametry wzrostu

2.10.1. Dni do 50 % pojawienia się

Średnia liczba dni do 50 % wschodów kozieradki jest podana w tabeli 2 i w dodatku tabela 1. Średni dzień do 50 % wschodów kozieradki był bardzo istotny ($P \leq 0,01$) ulegają zmianie w wyniku zastosowania ilości fosforu. Jednak efekt interakcji P (P2O5) i odmian nie wykazał istotnego wpływu na dni do 50% wschodów (Dodatek tabela 1). Zwiększenie dawki P2O5 z 0 do 92 kg ha-1 istotnie zmniejszyło liczbę dni potrzebnych do osiągnięcia 50% wschodów z 7 do 10 dni. Spadek liczby dni do wschodu przy najwyższym P2O5 może wynikać z faktu, że fosfor wzmacnia fazę wschodzenia. Zdolność ta wynikała z większej wilgotności gleby, na której zastosowano nawóz fosforowy. Podobnie Tisdale *et al.* (2002) stwierdzili, że stosowanie nawozu w pobliżu nasion w czasie sadzenia ma dodatkową zaletę w postaci stymulowania kiełkowania nasion i wschodów sadzonek. Tak więc, że cały proces kiełkowania został ustalony, wschody sadzonek trwają mniej niż 10 dni, w zależności od temperatury gleby, dostępności wilgoci i głębokości siewu.

2.10.2. Dni do 50% kwitnienia

Na liczbę dni do 50% kwitnienia kozieradki istotny wpływ miała dawka nawozu fosforowego ($P \leq 0,01$), jednakże odmiany i wzajemne oddziaływanie głównych efektów nie było istotne ($P \leq 0,05$) (tabela 2 i załącznik tabela 1). Zwiększenie dawki fosforu z 0 do 92 kg ha-1 istotnie zmniejszyło liczbę dni potrzebnych do osiągnięcia 50% kwitnienia z 52,67 dni do 43,11 dni (tab. 2). Spadek liczby dni do kwitnienia przy najwyższym poziomie fosforu może wynikać z faktu, że fosfor wzmacnia fazę rozrodczą poprzez przyspieszenie kwitnienia. Zgodnie z tym wynikiem, Gifole *i in.*,

(2011) podali, że aplikacja fosforu na fasolę szparagową istotnie skróciła dni do kwitnienia.

Dni do 50% kwitnienia kozieradki nie miały istotnego wpływu na odmiany kozieradki. Odmiana Chala miała jednak krótkie (46,53 dni) dni do 50% dni kwitnienia, podczas gdy odmiana lokalna miała długie (47,53) dni do kwitnienia. Wynika to z ich różnic genetycznych w odpowiedzi na dni kwitnienia. Dane uzyskane z dotychczasowych badań wykazały, że dni kwitnienia zmniejszały się wraz z przyrostem dawek fosforu. Można to przypisać skojarzeniu fosforu z wczesną dojrzałością roślin. Niniejsze ustalenie potwierdza sprawozdanie Acharya *et al.* (2007), który zauważył, że fosfor jest ważny dla kwitnienia i tworzenia się nasion oraz dla wczesnej dojrzałości upraw.

2.10.3. Dni do 90% dojrzałości fizjologicznej

Główny wpływ fosforu i jego odmian jest istotny ($P \leq 0{,}001$) wpływały na liczbę dni potrzebnych do osiągnięcia dojrzałości fizjologicznej, jednak ich interakcja nie była znacząca ($P \leq 0{,}05$) (tabela 2 i załącznik tabela 1). Zwiększenie dawki fosforu znacznie skróciło czas niezbędny do osiągnięcia dojrzałości fizjologicznej. I tak, rośliny niestosujące nawozu P2O5 wymagały najdłuższej liczby dni (139,6 dnia) do osiągnięcia dojrzałości fizjologicznej, natomiast rośliny leczone największą dawką P2O5 (69 kg ha-1) wymagały najmniejszej liczby dni (126,9 dnia) do osiągnięcia dojrzałości fizjologicznej (tabela 2). Zmniejszenie liczby dni wymaganych do osiągnięcia dojrzałości fizjologicznej w odpowiedzi na zwiększone dawki nawozu fosforowego można przypisać skojarzeniu fosforu z wczesną dojrzałością roślin. Niniejsze ustalenie potwierdza ustalenia Acharya *et al.*, (2007), który zauważył, że fosfor jest istotny dla kwitnienia i tworzenia się nasion oraz zaawansowania dojrzałości roślin. Podobnie, Abera (2015) i Gurmessa (2002) stwierdziły, że liczba dni potrzebnych do osiągnięcia przez rośliny fizjologicznej dojrzałości zmniejszyła się wraz ze wzrostem ilości stosowanego fosforu.

Wyniki tych badań wykazały również, że odmiany Hundaol wymagały znacznie większej liczby dni (136,8 dni), aby osiągnąć dojrzałość fizjologiczną, natomiast odmiana lokalna wymagała krótszych dni (131,1 dni), aby osiągnąć dojrzałość fizjologiczną (tabela 2). Różnica ta może sugerować zróżnicowanie w składzie genetycznym odmian kozieradki. W zgodzie z tym wynikiem Feysal (2006) wykazał dużą zmienność genotypów kozieradki w dniach do osiągnięcia dojrzałości.

Tabela 2: Główny wpływ nawozu fosforowego i odmian na dni do 50 % wschodów, 50 % kwitnienia i 50 % dojrzałości kozieradki.

Leczenie	Dni do 50 % pojawienia się	Dni do 50% kwitnienia	Dni do 90% dojrzałości
Ilości fosforu (P2O5 kg ha-1)			
0	9.9a	52.67a	139.6a
23	8.6b	48.22b	138.4ab
46	8.1b	46.44bc	135.8b
69	7.3c	45.33c	126.9c
92	7.5c	43.11d	128.9c
Mean	8.28	47.15	133.91
LSD (5%)	0.70	1.9	0.74
Odmiany			
Chala	8.3b	46.5	133.9b
Hundaol	8.9a	47.4	136.8a
Lokalna	7.6c	47.5	131.1c
Mean	8.28	47.15	133.91
LSD (5%)	0.57	NS	2.6
CV (%)	7.1	4.2	2.60

Znaczniki w kolumnach z tą samą literą nie różnią się znacząco na poziomie prawdopodobieństwa 5%.

2.11. Parametry wzrostu

2.11.1. Wysokość roślin

Wysoce istotny wpływ dawki nawozu fosforowego (*P2O5ha-1) na wysokość roślin (43,90 cm) miała odmiana lokalna bez nawożenia fosforem (tabela 3).*≤0,001) i odmiany (*P*≤0,001) obserwowano na wysokości roślin. Główne czynniki oddziałują na siebie w istotny sposób (*P*≤0,01) wysokość roślin (tabela 3 i załącznik tabela 1). Największą wysokość roślin (76,40 cm) zanotowano u odmiany Chala zastosowanej z 92P2O5 kg ha-1 i statystycznie na równi z tą samą odmianą (73,27 cm) i Hundaol (72,20 cm) przy zastosowaniu 69 kg P2O5ha-1, natomiast najmniejszą wysokość roślin (43,90 cm) zanotowano u odmiany lokalnej bez nawożenia fosforem (tab. 3).

Wzrost wysokości roślin odmian kozieradki o zwiększonej dawce nawozu fosforowego może być spowodowany większą dostępnością fosforu poprzez stosowanie nawozów chemicznych, które przyczyniły się do wiązania azotu przez bakterie. Może to również przyczynić się do lepszego wchłaniania i późniejszego wykorzystania azotu do syntezy chlorofilu, co w większym stopniu przyczyniło się do fotosyntezy prowadzącej do zwiększenia wzrostu roślin. Może to również wynikać z kumulatywnego wpływu fosforu na procesy podziału komórek i zrównoważonego odżywiania (Zafar, 2003). Wynik tych badań jest zgodny z ustaleniami Yirga *i in.,* (2012), który zgłosił wzrost wysokości roślin w odpowiedzi na zwiększoną aplikację fosforu.

Tabela 3: Oddziaływanie fosforu i odmian na wysokość roślin (cm) kozieradki.

Środki, po których następuje ta sama litera (litery) w tabeli nie różnią się znacząco na poziomie 5%

Ilości fosforu	Odmiana			
(P2O5 kg ha-1)	Chala	Hundaol	Lokalna	Mean
0	44.57e	44.17e	43.90e	44.21
23	48.67e	45.50e	46.70e	46.96
46	65.53cd	64.67d	47.00e	59.07
69	73.27ab	72.20abc	47.73e	64.40
92	76.40a	68.63bcd	48.90e	64.64
Mean	61.67	59.03	46.84	55.86
LSD (5%)		3.76		
CV (%)		4.0		

znaczenia.

2.11.2. Liczba głównych oddziałów na zakład

Główny wpływ fosforu był bardzo istotny ($P \leq 0,01$) na liczbę wytworzonych gałęzi pierwotnych na roślinie, ale ani odmiany, ani interakcja dawek fosforu z odmianami nie wpłynęły istotnie na ten parametr (P2O5 ha-1).<0,05) (tabela 4 i załącznik tabela 1). Liczba gałęzi pierwotnych znacznie wzrosła wraz ze wzrostem dawki fosforu od zera do 92 kg ha-1. Największą liczbę podstawowych rozgałęzień na roślinę (9,53) odnotowano z 92 kg nawozu P2O5 ha-1, natomiast najmniejszą liczbę podstawowych rozgałęzień na roślinę (7) odnotowano z braku zastosowania nawozu fosforowego (tab. 4). Wzrost liczby rozgałęzień przy wzroście dawki fosforu może wynikać z zaangażowania P w aktywność podziału komórkowego, co jest istotne dla zwiększenia wysokości roślin, oraz liczby rozgałęzień (Tesfayeet *al.,* 2007). Obecny wynik jest ściśle zgodny ze stwierdzeniem Bhairagi (2014), który stwierdził, że liczba rozgałęzień wzrosła wraz ze wzrostem P2O5 ha-1. Khiriya *et al.* , (2001) podała, że rosnący poziom fosforu do 40 kg ha-1 znacznie zwiększył cechy wzrostu kozieradki.

Tabela 4: Główny wpływ nawozu fosforowego i jego odmian na liczbę głównych gałęzi kozieradki.

Główny efekt zabiegów		Liczba oddziałów podstawowych
Ilości fosforu (P2O5 kg ha-1)		
	0	7.00c
	23	7.73bc
	46	8.64ab
	69	8.82ab
	92	9.53a
Mean		8.35
LSD (5%)		0.74
Odmiany		
Chala		8.65
Hundaol		8.35
Lokalna		8.04
Mean		8.35
LSD (5%)		NS
CV (%)		9.1

Środki, po których następuje ta sama litera(-y) w tabeli nie różnią się znacząco na poziomie 5% znaczenia

2.12. Parametry węzłowania

2.12.1. Całkowita liczba guzków na roślinę

Całkowita liczba guzków na roślinę była bardzo znacząca($P \leq 0{,}01$) dotkniętych głównym wpływem fosforu i odmian oraz ich wzajemnego oddziaływania (tabela 5 dodatek 2). Największą łączną liczbę guzków na roślinę (26,98) uzyskano po zastosowaniu 92 kg P2O5ha-1 i była ona statystycznie na poziomie 69 kg P2O5 ha-1 (23,77), natomiast najmniejszą łączną liczbę guzków na roślinę (16,93) uzyskano po zastosowaniu środków kontrolnych. Ogólna liczba guzków na roślinie była istotnie zwiększona wraz ze wzrostem dawki fosforu od zera do 92 kg P2O5 ha-1. Wzrost ten może wynikać z faktu, że fosfor jest niezbędny dla rozwoju i funkcji guzków. Ponadto stosowanie fosforu zwiększa liczbę primordiów guzowatych i odgrywa ważną rolę w inicjowaniu powstawania guzków. Liczba guzków i aktywność nitrogenaz wzrasta wraz ze wzrostem ilości fosforu (Tang *i in.*, 2001). Podobnie Alemu, (2009) i Setiyo *et al.* (2004) stwierdzili, że liczba guzków na roślinie wzrastała wraz ze wzrostem dawki nawozu fosforowego.

W ten sam sposób całkowita liczba guzków na roślinę była bardzo znacząca ($P \leq 0{,}001$) dotkniętych głównym wpływem odmian kozieradki. Odmiana Hundaol dawała największą łączną liczbę guzków na roślinie (23,12), która statystycznie była na równi z Chala (23,11), natomiast odmiana lokalna dawała najmniejszą łączną liczbę guzków na roślinie (19,31). Wyniki tego doświadczenia wykazały, że zmienność kozieradki może być spowodowana zmiennością genotypową odmian w tworzeniu guzków.

Podobnie, bardzo istotne ($P \leq 0{,}001$) zaobserwowano zmienność ze względu na interakcyjny wpływ fosforu i odmian (tabela 5). Na podstawie wyniku interakcji 92 kg P2O5 ha-1 z odmianą Chala dało maksymalną liczbę guzków na roślinie (28,57), a następnie 46, 69 i 92 kg P2O5 ha-1 w przypadku odmian Chala i Hundaol (tab. 5). Najniższą liczbę guzków na roślinie (16,57) uzyskano jednak przy kontrolnym traktowaniu fosforu lokalną odmianą (tab. 5).

Tabela 5: Interakcyjny wpływ nawozu fosforowego i jego odmian na całkowitą liczbę guzków na roślinie

Fosfor (kgha-1)	Odmiany			
	Chala	Hundaol	Lokalna	Mean
0	17.23ef	17.00f	16.57f	16.93
23	18.57def	21.53cd	17.23ef	19.11
46	25.60ab	25.60ab	17.43ef	22.87
69	25.57ab	25.57ab	20.17de	23.77
92	28.57a	27.20ab	25.17b	26.98
Mean	23.11	23.38	19.31	21.93
LSD (5%)		1.58		
CV (%)		4.3		

Środki w kolumnach, po których następuje ta sama litera, nie różnią się znacząco na poziomie 5% znaczenia

2.12.2. Efektywna liczba guzków roślin-1

Efektywna liczba guzków roślin-1 była bardzo znacząca ($P \leq 0{,}001$) dotkniętych głównym wpływem fosforu i odmian oraz ich wzajemnego oddziaływania (tabela 6 i załącznik tabela 2). Największą liczbę guzków efektywnych (25,40 na roślinę) uzyskano z 92 P_2O_5 kg ha-1, natomiast najmniejszą efektywną liczbę guzków (15,87 na roślinę) odnotowano pod kontrolą. Wynik ten prawdopodobnie wskazywał, że na zasiedlanie korzeni przez guzki wpływ miał nawóz fosforowy. Może to wynikać z dostępności składników pokarmowych na optymalnym poziomie, co przyczynia się do efektywnego i dużego zasiedlania systemów korzeniowych przez guzki. Sugeruje się zatem, że stosowanie fosforu bezpośrednio w glebie może być korzystne dla wiązania azotu guzowatego. Skuteczne zakodowanie jest niezbędne dla funkcjonowania roślin strączkowych, ponieważ rośliny najbardziej podatne na infekcje i zdolne do wytwarzania efektywnych zgniatków mają większy potencjał do wiązania większej ilości azotu atmosferycznego (Kellman, 2008). Zgodnie z tym wynikiem Abera (2015 r.) zgłosiła znaczne ilości ($P \leq 0,05$) wpływ stosowania nawozu fosforowego na liczbę skutecznych guzków na roślinę.

Odmiana Chala z zastosowaniem 92 kg P2O5 ha-1 wytworzyła istotnie największą liczbę efektywnych guzków na roślinie (26,80), co statystycznie odpowiadało zastosowaniu 69 kg P2O5 ha-1 tej samej odmiany i 92 kg P2O5 ha-1 Hundaol oraz odmian lokalnych (tabela 6). Odmiana Hundaol o masie 0 kg P2O5 ha-1 dawała najniższą liczbę guzków efektywnych na roślinę (15,17). Świadczy to o istnieniu różnic w genotypach kozieradki dla różnych dawek nawozów fosforowych. Ponadto fosfor przyczynia się do rozwoju ekstensywnych systemów korzeniowych i dobrego rozwoju guzków, stąd liczba efektywnych guzków wzrastała wraz ze wzrostem dawek fosforu.

Tabela 6: Interakcyjny wpływ nawozu fosforowego i jego odmian na efektywną liczbę guzków na roślinę

Fosfor (kgha-1)	Odmiany			
	Chala	Hundaol	Lokalna	Mean
0	16.10de	15.17e	16.33de	15.87
23	16.57de	16.23de	16.17de	16.32
46	20.87bcd	16.17de	16.40de	17.81
69	23.40abc	22.43abc	19.83cde	21.89
92	26.80a	26.30ab	23.10abc	25.40
Mean	20.75	19.26	18.37	19.46
LSD (5%)		2.83		
CV (%)		8.5		

Środki w kolumnach, po których następuje ta sama litera, nie różnią się znacząco na poziomie 5% znaczenia

2.13. Składniki wydajności i uzysku

2.13.1. Liczba strąków na roślinę

Główny wpływ ilości fosforu i jego odmian oraz ich wzajemnego oddziaływania jest bardzo istotny ($P \leq 0,001$) wpływają na liczbę strąków na roślinę (tabela 7 i załącznik tabela 3). Największą liczbę strąków na jednej roślinie (72,87) uzyskano z 92 kg P2O5 ha-1 z odmianą Chala. Natomiast najmniejszą liczbę strąków na roślinie (17,57) uzyskano z genotypu lokalnego z zabiegiem kontrolnym (tab. 7). Mogło to wynikać z wpływu fosforu w procesach podziału komórek i zbilansowanego odżywiania, które sprzyjały wzrostowi i poprawie wydajności reprodukcyjnej roślin.

Odpowiednia dostępność fosforu mogła ułatwić produkcję większej ilości gałęzi pierwotnych i wtórnych oraz wysokość roślin, co z kolei mogło przyczynić się do produkcji większej liczby strąków ogółem. Podobnie Habtegebriel *i in.* , (2015) poinformowali, że stosowanie fosforu znacznie zwiększyło liczbę strąków na roślinę. Również Ramesh *i in.* , (2002) poinformowali, że zwiększenie dawki P zwiększyło liczbę strąków kozieradki na roślinę.

Tabela 7: Interakcyjny wpływ nawozu fosforowego i jego odmian na liczbę strąków na roślinę kozieradki.

Ilości fosforu (P2O5 kg ha-1)	Odmiany			
	Chala	Hundaol	Lokalna	Mean
0	20,20hgi	18.43hi	17.57i	18.73
23	18.43hi	22.27fg	21.00fgh	20.57
46	55.60c	44.20de	42.47e	47.42
69	56.43c	56.13c	47.00d	53.19
92	72.87a	64.00b	46.20d	61.02
Mean	47.02	41.0	34.85	40.19
LSD (5%)		3.379		
CV (%)		5.0		

Środki, po których następuje ta sama litera (litery) w tabeli nie różnią się znacząco na poziomie 5% znaczenia.

2.13.2. Liczba nasion w strąku

Istniały znaczne różnice między różnymi poziomami stosowania fosforu $P \leq 0,001$ i odmianami ($P \leq 0,05$) na liczbę nasion w strąku, ale ich wpływ na interakcję nie był znaczący($P > 0,05$) (tabela 8 i załącznik tabela 3). Największą liczbę nasion w strąku (14,82) odnotowano u odmiany Chala i była ona statystycznie na równi z odmianą Hundaol (14,27). Natomiast najmniejszą liczbę nasion w strąku (14,04) uzyskano od odmiany lokalnej (tab. 8). Różnica w liczbie nasion w strąku mogła wynikać z ich genetycznej zmienności pomiędzy odmianami.

Wzrost poziomu fosforu od zera do 92 kg P2O5 ha-1 wykazał wzrost liczby nasion w strąku. Najwyższą liczbę nasion w strąku (15,61) odnotowano na powierzchniach, na których stosowano 92 kg P2O5 ha-1, co statystycznie odpowiadało 69 kg P2O5 ha-1 (15,01). Fosfor ma wpływ na procesy podziału komórek i wspomaga przenoszenie asymilatów fotosyntezy z łodyg, liści i innych części roślin do ważnych ekonomicznie organów, takich jak wytwarzanie nasion. SimilarlyMeena *et al.* (2003) reported P fertilization increased the number of grains per strąk significantly. Jat i Shakwat (2001) wykazały również wzrost ilości nasion w strąku-1 kozieradki (*Trigonella foenum-graecum* L.) z rosnącą dawką fosforu do 80 kg P2O5 ha-1.

Tabela 8: Główny wpływ nawozu fosforowego i jego odmian na liczbę nasion w strąku kozieradki.

Leczenie	Liczba nasion w strąku
Ilości fosforu (P2O5 kg ha-1)	
0	12.50d
23	14.11c
46	14.64bc
69	15.01ab
92	15.61a
Mean	14.38
LSD (5%)	0.82
Odmiana	
Chala	14.82a
Hundaol	14.27ab
Lokalna	14.04b
Mean	14.38
LSD (5%)	0.63
CV (%)	5.9

Środki, po których następuje ta sama litera (litery) w tabeli nie różnią się znacząco na poziomie 5% znaczenia.

2.13.3. Waga tysiąca nasion

Główny wpływ fosforu i odmian był istotny (*P2O5 ha-1).*≤0,05) wpływają na masę tysiąca nasion kozieradki, ale oddziaływanie pomiędzy nawozem fosforowym a odmianami nie wpłynęło istotnie na ten parametr (tabela 9 i załącznik tabela 3).

Najwyższą masę tysiąca nasion (13,14 g) odnotowano po zastosowaniu 92 kg P2O5ha-1 i była ona statystycznie na równi z 23,46 i 69 kg P2O5ha-1, natomiast najniższą masę tysiąca nasion (12,1 g) odnotowano z kontroli. Wyniki te wskazują, że stosowanie nawozów fosforowych przyczyniło się do zwiększenia masy nasion. Podobnie jak w przypadku Abdullatifa (2013), który stwierdził, że wzrost poziomu P2O5 zwiększa masę 100 nasion w porównaniu z kontrolą nienawożoną. Podobny wynik zgłosili Sharma *i wsp.* , (2014), ponieważ masa 1000 nasion wzrastała wraz z kolejnymi poziomami stosowanego fosforu (0, 20 i 40 kg P2O5 ha-1), ale różnica nie mogła osiągnąć poziomu istotności.

Odmiany kozieradki wykazywały zmienność na 1000 masy nasion. Maksymalną masę tysiąca nasion (13,23 g) odnotowano u odmiany Chala, a była ona statystycznie na równi z odmianą Hundaol (13,12 g) (tabela 9). Najniższą masę tysiąca nasion (12,33 g) uzyskano u odmiany lokalnej. Ta zmienność wśród ulepszonych i lokalnych genotypów w masie tysiąca nasion może być różnicą w ich składzie genetycznym.

2.13.4. Sucha biomasa

Główny wpływ fosforu i jego odmian był istotny ($P \leq 0,001$) na biomasę nadziemną, ale ich efekt interakcji nie miał istotnego wpływu na biomasę suchą (tabela 9 i załącznik tabela 3). Najwyższy plon biomasy (35,35 qt ha-1) uzyskano po zastosowaniu 92 kg P2O5 ha-1 i był on statystycznie równy (34,10qt ha-1) z 69 kg P2O5 ha-1, natomiast najniższy (19,0 qt ha-1) odnotowano z kontroli. Przyrost plonu biomasy nadziemnej w wyniku dodawania fosforu może być taki, że fosfor jest niezbędny w większości procesów metabolicznych zachodzących nad ziemią. Procesy te obejmują: wytwarzanie energii, syntezę kwasu nukleinowego, fotosyntezę, oddychanie, glikolizę, syntezę i integralność błon, aktywację lub inaktywację enzymatyczną, reakcje redoks, sygnalizację oraz metabolizm węglowodanów prowadzący do zwiększenia wydajności suchej biomasy (Tisdale *oraz in.*, 1993). W zgodzie z wynikami badań Rafat i Sharif (2015) zgłosili zwiększenie plonu biomasy przy zastosowaniu nawozu fosforowego. Odmiana Chala dawała wysoki plon suchej biomasy (29,99qt ha-1), natomiast Hundaol i odmiany lokalne dawały niższy plon biomasy qt ha-1. Odmiany kozieradki różniły się wzrostem wegetatywnym, co wpływało na wysokość plonu biomasy naziemnej z jednostki powierzchni.

Tabela 9: Główny wpływ dawki fosforu na plon i składniki plonu kozieradki

Leczenie	Masa nasion w tysiącach g)	Suche biomasa (qt ha-1)	Wskaźnik zbiorów (%)
Ilości fosforu (P2O5 kg ha-1)			
0	12.1b	19.00d	39.42c
23	12.9a	26.26c	42.38bc
46	13.[1a]	30.32b	45.82b
69	13.11a	34.10a	48.98a
92	13.14a	35.35a	49.30a
Mean	12.87	29.00	45.18
LSD (5%)	0.70	1.9	0.74
Odmiany			
Chala	13.23a	29.99a	46.18
Hundaol	13.12a	28.97b	45.57
Lokalna	12.33b	28.05b	43.79
Mean	12.87	29.00	45.18
LSD (5%)	0.277	0.80	NS
CV (%)	2.9	3.7	5.9

Znaczniki w kolumnie z tą samą literą (literami) nie różnią się znacząco na poziomie prawdopodobieństwa 5%.

2.13.5. Wydajność materiału siewnego

Główny wpływ odmian fosforu oraz ich interakcji był bardzo istotny ($P \leq 0,01$) wpływ; plon nasion odmian kozieradki (tabela 10 i załącznik tabela 3). Najwyższy plon nasion (18,52 qt ha-1) uzyskano z odmiany Chala w dawce 92 kg nawozu P2O5 ha-1 i był on statystycznie równy tej samej odmianie w dawce 69 kg P2O5ha-1 (18,13 qt ha-1) oraz odmiany Hundaol w dawce 92 kg P2O5 ha-1 (17,96 qt ha-1). Natomiast najniższy plon nasion (6,88 qt ha-1) odnotowano u odmiany lokalnej bez nawożenia fosforem (tabela 10). Wzrost plonu przy zwiększonej dawce fosforu mógł być spowodowany skumulowanym efektem większego procentowego wypełnienia ziaren i większej liczby nasion w strąku z powodu zwiększonego pobrania fosforu przez rośliny mógł stymulować tempo różnych procesów fizjologicznych, takich jak wzrost i asymilacja składników pokarmowych. Zgodnie z tym wynikiem, Masudur *i in.* , (2018) podali, że aplikacja fosforu miała istotny wpływ na plon nasion kozieradki. Na podstawie średnich wartości plonów nasion wszystkich odmian zaobserwowano liniową zależność fosforu od plonu nasion kozieradki obserwowaną w tym doświadczeniu. Jednak plon nasion odmian różni się w zależności od zastosowanej dawki fosforu. Bhairagi (2014) uzyskały najwyższy plon nasion z hektara po zastosowaniu 60 kg P2O5 ha-1. Ramesh *et al.* , (2001) poinformował również, że zwiększenie dawki fosforu do 50 kg ha-1 zwiększyło plon nasion kozieradki.

Tabela 10: Interakcyjny wpływ dawki P2O5 i odmian na plon nasion (qt ha-1) kozieradki.

Stawki fosforu	Odmiany			
(P2O5 kg ha-1)	Chala	Hundaol	Lokalna	Mean
0	7.63g	7.68g	6.88g	7.39
23	10.84ef	10.96e	9.73f	10.51
46	16.08c	13.48d	11.50e	13.69
69	18.13ab	17.03bc	14.55d	16.57
92	18.52a	17.43ab	16.13c	17.36
Mean	14.24	13.31	11.76	13.10
LSD (5%)			1.189	
CV (%)			5.4	

Środki, po których następuje ta sama litera (litery) w tabeli nie różnią się znacząco od siebie o 5%.

2.13.6. Wskaźnik zbiorów

Zaobserwowano, że różnica we wskaźniku zbioru jest bardzo istotna ($P \leq 0{,}01$) dawki nawozów fosforowych, ale nie stwierdzono istotnego zróżnicowania ($P \leq 0{,}05$) obserwowane przez odmiany, oraz interakcje tych dwóch czynników (tabela 9 i załącznik tabela 3). W wyniku przeprowadzonych badań stwierdzono wzrost wskaźnika zbioru przy wzroście dawki nawozu fosforowego z 0 do 92 kg P2O5 ha-1. Najwyższy wskaźnik plonu (49,30%) odnotowano z 92 kg P2O5 ha-1, który statystycznie odpowiadał 69 kg P2O5 ha-1 (48,98%), a najniższy (39,42%) z działek z nawożeniem 0 kg P2O5 ha-1 (tabela 9). Przyczyną niskiego wskaźnika zbioru jest zwiększenie plonu biomasy w stosunku do plonu nasion. Zgodnie z tym wynikiem Masudur *i in.* , (2018) stwierdzili, że obliczone wartości wskaźnika zbioru wykazują tendencję wzrostową przy zastosowaniu fosforu na kozieradce oraz minimalnego wskaźnika zbioru z poletek kontrolnych.

2.14. Korelacja pomiędzy parametrami modulacji, wydajnością i składnikami wydajności kozieradki

Podsumowany wynik analizy korelacji wykazał, że liczba guzków na roślinie, guzki efektywne na roślinie, liczba nasion na roślinie, liczba strąków na roślinie, plon suchej biomasy i nasion były ze sobą dodatnio i istotnie skorelowane. Liczba guzków na roślinie była istotnie powiązana z liczbą strąków na roślinie (0,86), liczbą nasion na roślinie (0,66) i biomasą suchą (0,85) oraz plonem nasion (0,88).

Liczba strąków na roślinie była dodatnio i istotnie skorelowana z liczbą guzków na roślinie (0,86), a także z objętością guzków (0,86) i efektywną liczbą guzków na roślinie (0,85). Podobnie, masa tysiąca nasion była dodatnio i istotnie skorelowana z plonem biomasy wycofanej i nasion. Była także istotnie skorelowana odpowiednio z liczbą strąków na roślinie, liczbą nasion na roślinie i liczbą gałęzi pierwotnych na roślinie (0,38, 0,30 i 0,31). Provorov *i in.* (1996) stwierdzili, że istotna i dodatnia korelacja między liczbą guzików a plonem nasion kozieradki. Związek plonu nasion był dodatni i istotnie skorelowany z wysokością roślin, gałęzią pierwotną, liczbą guzków na roślinie, efektywnością guzków, liczbą strąków na roślinie, liczbą nasion w strąku i suchą masą. Tysiące masy nasion były również skorelowane z liczbą strąków na roślinie, liczbą nasion w strąku, liczbą guzków na roślinie i liczbą nasion w strąku głównym. Masa tysiąca nasion była znacząca przy prawie wszystkich parametrach uwzględnionych w niniejszym badaniu. Ponadto masa tysiąca nasion była ujemnie skorelowana z liczbą dni do kwitnienia. Podsumowując, plonowanie i komponent plonu kozieradki wykazywały silnie dodatni związek z plonem ziarna kozieradki, co wskazuje, że komponenty plonu kozieradki miały bezpośredni wpływ na plon ziarna kozieradki.

Wpływ stawki fosforu na ekonomiczną wykonalność produkcji kozieradki

Częściowa analiza budżetowa wykazała, że najwyższe korzyści netto (66 476,5 ETBha-1) przy marginalnej stopie zwrotu (325,77%) odnotowano dla odmiany Chala przy 69 kg P2O5 ha-1; co było powyżej minimalnej dopuszczalnej stopy zwrotu. W związku z tym zastosowanie 69 kg P2O5 ha-1 z odmianą Chala było lepszym i bardziej satysfakcjonującym zabiegiem i taką dawkę nawozu można polecić dla Mida Kegn i innych obszarów o podobnym stanie agroekologicznym.

Tabela 11: Wyniki częściowej analizy budżetowej dla dawki nawozu fosforowego dla odmian kozieradki w Mida Kegn w sezonie upraw głównych 2018/19

Odmiany	P2O5 (kg ha-1)	Całkowita wydajność (kgha-1)	Dostosowane o 10% w dół (kgha-1)	GFB (ETBha-1)	TVC (ETBha-1)	Uwaga (ETBha-1)	MRR (%)
Lokalna	0	688	619.2	27864	0	27864	
Hundaol	0	769	692.1	31144.5	900	30244.5	264.50
Chala	0	829	746.1	33574.5	1200	32374.5	710.00
Lokalna	23	873	785.7	35356.5	2150	33206.5	87.58
Chala	23	1108	997.2	44874	3050	41824	510.78
Hundaol	23	1049	944.1	42484.5	3350	39134.5	D
Lokalna	46	1150	1035	46575	4100	42475	62
Chala	46	1608	1447.2	65124	5000	60124	1961
Hundaol	46	1348	1213.2	54594	5300	49294	D
Lokalna	69	1613	1309.5	58927.5	6050	52877.5	D
Chala	69	1852	1631.7	73426.5	6950	66476.5	325.77
Hundaol	69	1743	1532.7	68971.5	7250	61721.5	D
Lokalna	92	1613	1451.7	65326.5	8000	57326.5	D

Chala	92	1852	1666.8	75006	8900	66106	D
Hunda'ol	92	1743	1568.7	70591.5	9200	61391.5	D

Gdzie GFB = zysk brutto z pola; TVC = całkowite koszty zmienne; NB = zysk netto, MRR = krańcowa stopa zwrotu; ETB ha-1 = Etiopski Birr na hektar; D = zabiegi zdominowane; Koszt fosforu 1300,00 Birr 100 kg-1; Lab nasz koszt aplikacji nawozu P = 4 osoby dziennie ha-1, przy 50 ETB dziennie; cena sprzedaży nasion kozieradki 4500 Birr na 100 kg podczas zbiorów w gospodarstwie.

5. WNIOSKI I ZALECENIAS

5.1. Wnioskis

Znaczny wpływ na wydajność kozieradki ma brak odpowiednich praktyk agronomicznych, szczególnie w odniesieniu do fosforu. Łączna liczba guzów na roślinie, efektywna liczba guzów, dni do 50% kwitnienia, dni do 90% dojrzałości fizjologicznej, liczba gałązek podstawowych na roślinie, liczba strąków na roślinie, sucha biomasa oraz masa tysiąca nasion zostały istotnie naruszone przez stosowanie nawozów fosforowych. Maksymalną efektywną liczbę guzków i masę tysiąca nasion uzyskano po zastosowaniu 92 kg nawozu P2O5 ha-1. Maksymalną łączną liczbę guzków na roślinie, liczbę gałązek podstawowych na roślinie, liczbę strąków na roślinie, plon biomasy oraz najkrótsze dni do kwitnienia i dojrzałości zanotowano po zastosowaniu 92 kg nawozu P2O5 ha-1.

Dni do 50% kwitnienia, dni do 90% dojrzałości fizjologicznej oraz masa tysiąca nasion były istotnie uzależnione od głównego wpływu odmian kozieradki. Średnia maksymalna łączna liczba guzków na roślinie (23,12) oraz najkrótsze dni do osiągnięcia 50% dni kwitnienia (46,53 dni) odnotowano u odmiany Chala, natomiast u odmiany lokalnej najdłuższe dni do osiągnięcia 50% dni kwitnienia. Odmiana Hundaol wymagała istotnie większej liczby dni, podczas gdy odmiana lokalna wymagała krótszych dni, aby osiągnąć 90% dojrzałości fizjologicznej i uzyskała istotnie większą masę tysiąca nasion.

Oddziaływanie odmiany i nawozu fosforowego istotnie wpłynęło na wysokość roślin, liczbę nasion w strąku i plon nasion. Istotnie największą wysokość roślin (76,40 cm) zanotowano u odmiany Chala stosującej 92 kgP2O5ha-1, natomiast największą liczbę nasion w strąku (16,53) i plon nasion (18,52qt ha-1 i 18,13qt ha-1) zanotowano u odmiany Chala stosującej odpowiednio 92 i 69 kg P2O5 ha-1 nawozu. Największą korzyść netto (66476,5 ETBha-1) zanotowano z odmiany Chala, z marginalną stopą zwrotu (325,77%) w dawce 69 kg P2O5 ha-1.

5.2. Zalecenies

Na podstawie wyników badania, w odniesieniu do produkcji odmian kozieradki, na podstawie niniejszego badania, sformułowano następujące zalecenia; -

- Wyniki niniejszych badań potwierdziły, że stosowanie fosforu w dawce 69 kg ha-1 i odmiany Chala najlepiej sprawdza się w uzyskiwaniu maksymalnego ekonomicznego plonu nasion kozieradki. W związku z tym rolnicy z rejonu Mide-kegn i obszarów o podobnej agroekologii i rodzaju gleby mogą być zachęcani do stosowania 69 kg P2O5 ha-1 z odmianą Chala w celu uzyskania maksymalnie ekonomicznego plonu nasion kozieradki.
- Należy również przeprowadzić dalsze badania nad przesiewaniem i identyfikacją odmian z zaleceniami dotyczącymi nawozów fosforowych specyficznych dla danej lokalizacji w celu poprawy wydajnościfenugreku.
- Badanie to zostało jednak przeprowadzone w jednym miejscu przez rok; w związku z tym eksperyment musi być powtarzany przez kolejne lata i miejsca, aby wydać rozstrzygające zalecenia.

6. REFERENCJE

Abdel-Nabey A. A. i Damir A. A. (1990). Zmiany w niektórych składnikach pokarmowych nasion kozieradki (*Trigonella foenum-graceum* L.) podczas gotowania. *Plant Foods Hum. Nutr.* 40(4): 267-274.

Abdul-Latif Abdul-Aziz. (2013). Contribution of Rhizobium and Phosphorus Fertilizer to Biological Nitrogen Fixation and Grain Yield of Soybean in the Tolon district. Praca magisterska Nkrumah University of Science and Technology, Kwame, Kumasi, Ghana.

Abera Sisay. (2015). Effect of Rhizobium inoculation and phosphorus rate on nodulation, yield and yield related features of chickpea (Cicer arietinum L.) at Kobo, Northern Ethiopia. MSc. Thesis, Haramaya University, Haramaya, Etiopia.

Acharya, S. N., ThomasJ. E i Basu, S. K, (2007). Fenugreek an "Old world" Crop for the "New World. http://res2.agr.callethbridge/scitech/acharya e.htm. (Dostępny w maju 2017 roku).

Acharya, S.N., Thomus. J.E. i Basu, S.K. (2006). Fenugreek: uprawa "starego świata" dla nowego świata. Biodiversity, 7(3&4): 27.30.

Acquistucci R., D'egidio M. G. i Vallega V. 1995. Aminokwasowa kompozycja wybranych szczepów pszenicy diploidalnej, Triticum monococcum L. Cereal Chem., 72(2): 213-216.

Agri-fax. 1998. Fenugreek, Agriculture, Food and Rural Development. Agdex 147/20-5. Uniwersytet w Saskatchewan. Rolnictwo, Anglia, 137: 86-94.

Ahmad A., Alghamdi S. S., Mahmood, K. i Afzal, M. (2016). Fenugreek a multipurpose crop: Poten- tialities and improvements. Saudyjczyk J. Biol. Sci., 23(2): 300-310.

Ahmed, A.G., Ahmed, M., Hassanein, M. i Zaki, N.M. (2010). Wpływ nawożenia organicznego i biofiltracji na wzrost i plon dwóch odmian ciecierzycy na terenach nowo uprawianych. Journal of Applied Sciences Research, 6(12):2000-2009.

Alam, Syed Manzoor i Pessarakli, M.1999. Pobieranie składników pokarmowych przez rośliny w warunkach stresu. Handbook of Plant and Crop Stress, Second Edition (str. 285-313). CRC Press.

Allo Aman, (2007. (Unpublished) Manual for spices and herbs production and management. Podręcznik przygotowany z myślą o szkoleniu drobnych i komercyjnych hodowców nasion, korzeni, liści łodygowych i kory przypraw góralskich i nizinnych.

Alemu A. W. i Doepel L. (2011). Fenugreek (*Trigonella foenum-graecum* L.) jako alternatywna pasza dla krów mlecznych. Zwierzę, 5(9): 1370-1381.

Alemu Dessa. (2009). Effects of phosphorus application and Rhizobium inoculation on nodulation yield and yield related features of *fenugreek* (*Trigonella foenum-graecum)* in Sinana, south eastern Ethiopia. Praca magisterska została przedstawiona szkole studiów magisterskich Uniwersytetu Haramaya. 72p.

Altuntas, E.i Ozgoz, E., Taser, O.F., 2005. Some physical properties of *fenugreek* (*Trigonella foenum-graceum* L.) seeds. J. Food Eng. 71, 37-43.

Amin A., Alkaabi A., Al-Falasi S. i Daoud S. A. 2005. Chemopreventive activities of *Trigonella foenum graceum* (Fenugreek) against breast cancer. Cell Biol. Int., 29(8): 687-694.

Andrade, G., F. Leij, De. i Lynch, J. M. 1998. Plant mediated interactions between Pseudomonas fluorescens, Rhizobium leguminosarum and arbuscular mycorrhizae on Pea. Letters in Applied Microbiology, 26: 311-316.

Asfaw Tilaye, Tarekegn Melesse i Lewis, I.V. (1981). Research on Pulse Crops in Ethiopia 19701973 E.C. 1977/78-1980/81 G.C. Institute of Agricultural Research (IAR) Addis Abeba.

Bhairagi, S.K. (2014). Wpływ różnych dawek fosforu i rozmieszczenia rzędów na plon i jakość nasion kozieradki (*Trigonella foenum-graecum* L.). Asian Jr. Hort. 9(2): 338-341.

Bashir, K., Ali, S. i Umair, A. (2011). Effect of different phosphorus rates on xylem sap components and their correlation with growth variables of mash fenugreek. Sarhad Journal of Agriculture, 27(4): 595-601.

Bashtian M.H., Emami S.A., Mousavifar N., Esmaily H.A., Mahmoudi M. i Poor A.H.M. (2013). Evaluation of Fenugreek (*Trigonella foenum-graceum* L.). Effects seeds extract on insulin resistance in women with polycystic ovarian syndrome. Iran. J. Pharm. Res., 12: 475-48.

Battistis, L., Lara, J.C. i Leigh, J.A. (1992). Specyficzne formy oligosacharydów Rhizobium meliloti exopolysaccharide promują inwazję guzków w lucernie. proc. Natl. Acad. Sci. USA 89:5625-5629.

Blackshaw, R. E., Brandt, R. N. Janzen, H. H. i T. Entz, T. (2004). Reakcja gatunków chwastów na nawożenie fosforem. Weed Science, 52: 406-412.

Brady, N.C. i Weil, R. R. (2002). The Nature and Properties of Soils. Wydanie trzynaste. Pearson Education Asia. Delhi, Indie. 960P.

Chapman, H. D. (1965). Pojemność wymiany kationowej przez nasycenie amonem. 891-901. W: Black, C.A., L.E. Ensminger i F.E. Clark (red.), Method of soil analysis. American Society of Agronomy, Madison Wisconsin, USA.

Chatterjee, S., Variyar, P.S. i Sharma, A., 2010. Bioaktywne składniki lipidowe kozieradki. Food Chem. 1, 349-353.

Chaudhary, Muhammad Iqbal, Joseph J Adu-Gyamfi, Hirofumi Saneoka, Nguyen Tran Nguyen, Ryuichi Suwa, Shynsuke Kanai, Hany A El-Shemy, David A Lightfoot i Kounosuke Fujita. (2008). The effect of phosphorus deficit on nutrient absorbake, nitrogen fixation and photosynthetic rate in mash bean, mungbean and soja. Acta Physiologiae Plantarum, 30(4): 537-544.

CIMMYT. (1988). Od danych agronomicznych do zaleceń dla rolników: Podręcznik szkoleniowy z ekonomii. Całkowicie poprawione wydanie. Meksyk, DF. 79p.

Cordell, D., Drangert, J.O. i S. White. ,S. (2009). The story of phosphorus: global food security and food for thought. Globalne zmiany środowiskowe 19:292-305.

CSA. (2016). Badanie Próbek Rolniczych. Central Statistic AutOhority. Vol. Bulletin 528. Addis Abeba.

Dangi, R.S., Lagu, M.D., Choudhary, L.B., Ranjekar, P.K. i Gupta, V.S. (2004). Assessment of genetic diversity in Trigonella foenum-graecum and Trigonella caerulea using ISSR and RAPD markers. BMC Plant Biol. 4:13.

De Candolle A. (1964). Pochodzenie roślin uprawnych. Hafner, Nowy Jork.468p. Desperrier, N., J. C. Baccou i Y. Sauvaire, 1986. Azotowanie i asymilacja azotanów w kozieradce polnej (*Trigonella foenum-graecum* L.). Roślina i gleba, 92: 189-199.

Dotaniya, M. L, Datta, S.C., Biswas, D.R i Kumar, K. (2014b). Effect of organic sources on phosphorus fraction and available phosphorus in Typic Haplustept J.Indian Soc. Soil Sci. 62(1):80-83.

Dotaniya, M.L., Datta, S. C, Biswas, D.R i Meena, B. P. (2013). Effect of solution phosphorus concentration on the exudation of oxalate jons by Wheat

(*Triticum aestivum* L.). Proc. Proc. Nat. Acad. Sci. India Sec. B: Bio. Sci. 83(3):305-309

Dotaniya, M. L, Datta, S.C., Biswas, D.R i Meena, H.M i Kumar, K. (2014). Production of oxalic acid as influenced by the application of organic residue and its effect on phosphorus absorbake by wheat (*Triticum aestivum* L.) in an Inceptisol of north India. Nat. Acad. Sci. Lett. 37(5):401 – 405.

Dotaniya, M.L. Pingoliya K.K. Meena, H.M. i Prasad, D. (2013). Status and rational use of rock phosphate in agricultural crop production a review Agric. Sust. Rozwój. 1(1):103-108.

DZARC.(2004) Annual Report on Highland Food and Forage Legumes Research Program, Exhibition.

DZARC. (2007) Roczny raport na temat programu badań nad góralskimi roślinami żywieniowymi i roślinami pastewnymi, wystawa.

Eckardt, N. A. (2006). The role of flavonoids in root nodule development and Auxin transport in Melicago truncatula. Pant cell. 7: 1539-1540.

El Nasri, NA i El Tinay, A. (2007). Functional properties of fenugreek (*Trigonella foenum graecum*) protein concentrate. Food Chem., 103 (2):582-9.

El-Gizawy, N.K.B. i Mehasen, S.A. S. (2009). Reakcja bobiku na bio-mineralne nawozy fosforowe i dolistną aplikację cynku. World Applied Sciences Journal 6:1359-1365.

Engles, J.M., J. G. Hauwkes i Melaku Worede.(1991). Plant Genetic Resources of Ethiopia. Etiopia. Praca magisterska przedstawiona w School of Graduate Studies Uniwersytetu Alemaya.

Fazli, F.R.Y. i Hardman, R. (1968). Kozieradka przyprawowa (*Trigonella foenum-graecum* L.). Jej handlowe odmiany nasion jako źródła diosgeniny. Trop. Sci. 10:66-78.

Feysal Bushira. (2006). Genetic divergence and association among seed yield, yield related features and protein content of some *fenugreek* (*Trigonella foenum-graecum* L.) landraces in Alemaya. Msc. Praca magisterska przedstawiona w School of Graduate Studies Uniwersytetu w Alemaya.

Feyzi S., Varidi M., Zare F. i Varidi M. J. (2015). Fenugreek (*Trigonella foenum-graecum* L.) izolat białka z nasion: optymalizacja ekstrakcji, skład aminokwasów, właściwości termiczne i funkcjonalne. J. Sci. Food Agr., 95(15): 3165-3176.

Flammang, A., Cifone, M., Erexson, G. i Stankowski, L. (2004). Badanie genotoksyczności wyciągu z kozieradki. Food Chem. Toxicol. 11, 1769-1775.

Folwarczna J., Zych M., Nowińska B. i Pytlik M. (2014). Effects of *fenenum-graecum* L. (*Trigonella foenum-graecum*) seed on bone mechanical properties in rats. Eur. Rev. Med. Pharmacol. Sci., 18(13): 1937-1947.

Furry, A. (1950), Les Cahiers de la Recherche Agronomique. 3: 25-317.

Gen. Stat. (2012). GenStat Procedure Library Release. 15 wydanie. VSN International Ltd.

Gifole Gidago, Sheleme Beyene i Walelign Worku. (2011). The Response of haricot bean (Phaseolus vulgaris L.) to phosphorus application on Ultisols at Areka, Southern Ethiopia. Journal of Biology, Agriculture and Healthcare, 1(3):38-49.

Girma, A. , Waga.M i Olani, N.(2003) . Badania nad żyznością gleby i zarządzaniem uprawami roślin strączkowych o niskiej żyzności w dolinie szczelinowej.Pp157-166. Kamal A. Gemechu K. Seied A., B. Rajjendra M.K Suredra i M.H. Halila (red.). Food and Forage legumues of Ethiopia In: Postępy i perspektywy. Proceeding of the workshop on food and forage legumues of Ethiopia, 22-26 September 2003, Addis Abeba Ethiopia.

Goel, G., Makkar, H.P.S. i Becker, K. (2007). Effects of Sesbania sesban and Carduus pycnocephalus leaves and Fenugreek (*Trigonella foenum-graecum* L.) seeds and their extracts on partitioning of nutrients from roughage- and concentrate-based feed feeded to methane. Pasza dla zwierząt Sci. Technol. 147: 72-89.

Graham, P. H.(2000). Przemiany azotu. pp. C-141-148. W: M.E. Summer (red.). Hand Book of Soil Science. CRC Press. Boca Raton, London, New York, Washington D.C.

Griffith, B. (2004). Phosphorus. Efficient Fertilizer Use Manual. Źródło: http://www.jaffer.com/downloads/JAS/Articles/Essential%20Role%20Of%20Phosphorus%20(P)%20In%20Plants.pdf

Gurmessa Lelissa. (200. Reakcja pszenicy (*Tritium Arstiuum* L.) na nawóz N i P w strefie Borana w Etiopii. MSc. Praca magisterska w dziedzinie rolnictwa (Agronomia). AlemayaUniversity, Etiopia. str. 58-60.

Habtegebriel Kiros, DestaYohannes i Weldu Yirga. (2015). Inoculation, phosphorus and zinc fertilization effects on nodulation, yield and nutrient absorbake of *faba* bean (*Vicia faba* L.) grown on calcaric Cambisol of semiarid Ethiopia. Journal of Soil Science and Environmental Management, 6(1):9-15.

Haouala R., Hawala S., El-Ayeb A., Khanfir R. i Boughanmi N. (2008). Wodne i organiczne wyciągi z *Trigonella foenum-graecum* L. hamują wzrost grzybów pleśniowych. J. Environ. Sci. (Chiny), 20(12): 1453-1457.

Hidvegi, M., El-Kady, A., Lasztity, R., Bekes, F. i Simon-Sarkadi, L. (1984). Wkład w żywieniową charakterystykę kozieradki (*Trigonella foenum graecum* L.). Acta. Alim. 13: 315-324.

Holfored, I.C.R.(1997). Soil Phosphorus. Jego pomiary i pobór przez rośliny. Australian Journal of Soil Research, 35:227-39.

Hooda S. i Jood S. (2007). Effect of soaking and germination on nutrient and anti-nutrient content of *fenugreek* (*Trigonella foenum-graecum* L.). J. Food Biochem., 27(2): 165-176.

Hopkins, W. G. i Huner, N. P. A. (2004). Nitrogen assimilation; in introduction to plant physiology. John Wiley & sons, Pp 167-185.

Isikli N. D. i Karababa E. (2005). Charakterystyka reologiczna pasty kozieradki (cmentarz). J. Food Eng., 69(2): 185-190.

Jackson, M.L.(1962). Analiza chemiczna gleby. New Delhi, Prentice Hall of India Pvt. Ltd. 498p.

James W.A. i Heather M. (2011). Wpływ białka sojowego na lipoproteiny w surowicy: Ocena jakości i meta-analiza randomizowanych, kontrolowanych badań. J. Am. Coll. Nutr., 30: 79-91.

Jat, B. L i Shaktawat, M.S. (2001). Wpływ fosforu, siarki i nawozów biologicznych na właściwości plonotwórcze i wydajność kozieradki (*Trigonella foenum-graecum* L.) oraz ich resztkowe oddziaływanie na proso gruszkowe (*Pennisetum gluacum*). Indian Journal of Agronomy, 46:627-634.

Jemal Abdulahi, Ketema Belete i Yohannes Uloro. (1998). Determination of Spacing of Kenugreek (*Trigonella foenum-graecum L.*) and Effect of Intercropping Fenugreek with Sorghum (*Sorghum bicolor L., Moench*) on yield and soil Nitrogen. Praca magisterska została przedstawiona School of Graduate Studies Alemaya University w Etiopii.

Kaviarasan, S., Naik, G., Gangabhagirathi, R., Anuradha, C. i Priyadarsini, K.(2007). In vitro studies on antiradical and antioxidant activities of fenugreek (*Trigonella foenum graecum*) seeds. Food Chem. 1, 31-37.

Kellman, A.W. (2008). Inokulacja Rhizobium, odmiana i wpływ zarządzania na wzrost, rozwój i plonowanie fasoli zwykłej (*Phaseolus vulgaris* L.). PhDDissertation, Lincoln University, Canterbury, New Zealand.

Khiriya, K. D., Singh, B. P. i Taneja, K. D. (2003). Effect of farm yard manure and phosphorus levels on yield, quality and nutrient absorbake by fenugreek. Forage Research, 28(4): 210-214.

Khole, S., Chatterjee, S., Variyar, P., Sharma, A., Devasagayam, T.P.A. i Ghaskadbi, S.(2014). Bioaktywne składniki kiełkujących nasion kozieradki o silnym potencjale przeciwutleniającym. Journal of Fuctional Foods. 6, 270-279.

Kijne, J.W.(1997). Proces zakażenia Rhizobium. In; G. Stacey, R.H. Burris i H.J. Evans (eds.). Biological Nitrogen Fixation. pp 349-360. CBS Publishers & Distributors, New Delhi- 110002.

Kumar, P. Kale, R, McLean, P i Baquer, N. (2012). Antidiabetic and neuroprotective effects of *Trigonella foenum-graecum* seed powder in diabetic rat brain. Prague Med Rep, 113(1):33-43.

Leela, N.i Shafeekh, K. (2008). Fenugreek, Chemia przypraw. CAB International, Pondicherry, Indie.

Leidi, E.O. i Rodiguez-Navarro D. N. (2000). Limit dostępności azotu i fosforu N2 przy wiązaniu w fasoli. New Phytologist, 147(2):337-346.

Lieben berg, A.J. (2002). Produkcja fasoli suchej. Department of Agriculture in Cooperation with ARC-Grain Crops Institute. Drukarnie rządowe: Pretoria.

Madhava Naidu M, Shyamala B, Pura Naik J, Sulochanamma G. i Srinivas, P. (2011). Chemical composition and antioxidant activity of the husk and endosperm of fenugreek seed. Food Sci Technol-Leb., 44 (2):451-456.

Mahfouz S.A., Elaby, S.M. i Hassouna, h.z. (2012). Wpływ niektórych roślin strączkowych na hipercholesterol - mia u szczurów. J. Am. Sci., 8(12): 1453-1460.

Makai, S. i Balatincz, J. (1999). Study of seed produce and protein content of fenugreek (*Trigonella foenum-graecum* L.) Institute of Crop Sciences and Institute of Food Sciences Pannon University of Agricultural Sciences, Mosonmagyarovar, Hungary.

Makoi, J.H.J.R., Bambara, S. i Ndakidemi P.A. (2010). Aktywność enzymu fosfatazy kizosferowej i wtórnych metabolitów w roślinach dotkniętych dostawą

Rhizobium, wapna i molibdenu w Phaseolus vulgaris L. Australian Journal of Crop Science.4(8):590-59

Malviya K.G., Babhulkar M.W., Mali P.i Rangari V.D. (2010). Evaluation of anti-inflammatory potential of *Trigonella foenum-graecum* (fenugreek) seed extracts by using carrageenan induced rat paw obrzęk. Inwentaryzacja leków. Dziś, 2:109-111.

Mandal S.and Deb Mandal M. (2016). Oleje kozieradki (*Trigonella foenum-graecum* L.). Olejki eteryczne w konserwacji żywności. In: Flavor and Safety. Ed. Preddy V. ISBN: 978-0-12-416641-7.

Masudur, S.M.R. Mitoo, M, Hayder Khan Sujan i Faijul Islam. (2018).Effect of Phosphorous and Sulphur Fertilization on Seed Yield of Fenugreek (*Trigonella foenum-graecum* L.).IOSR Journal of Agriculture and Veterinary Science, 11(1): 05-17.

Mathern, J. R, Raatz, S. K, Thomas, W. i Slavin J. L. (2009). Effect of fenugreek fiber on satiety, blood glucose and insulin response and energy intake in obese subjects. Phytother Res., 23(11):15438.

Meena, L. R., Singh, R. K. i Gautam R. C. (2003). Wydajność i pobór składników pokarmowych ciecierzycy pod wpływem poziomu fosforu. Legume Research, 26 (2): 109-112

Meghwal, M. i Goswami , T.K. (2012). Przegląd właściwości użytkowych, zawartości składników odżywczych, wykorzystania leczniczego i możliwości zastosowania kozieradki. J. Food Process. Technol., 3: 1-10.

Mehrafarin, A., Badi, H.N., Noor, G., Z. oraz, E. i Rezazadeh, S. (2011). Effects of environmental factors and methanol on germination and emergence of Persian Fenugreek. African Jr. Agric. Res. 6(19): 4631- 4641.

Mercan N., Guvensen A. i Celik, A., Kataricioglu H. (2007). Aktywność przeciwdrobnoustrojowa i skład pyłkowy próbek miodu pobranych z różnych prowincji w Turcji. Nat. Prod. Res., 21(3): 187-195.

Miller, R.W. i Donahue, R.L.(1995). Gleba w naszym środowisku. Wydanie siódme. Sala w Prentice. New Jersey. 649p.

MKAO (Biuro Rolnicze Mida Kegn, 2016) Raport roczny na stronach 31-45.

Mir, P.S., Mir, Z. i Townley-Smith, K.(1993). Porównanie zawartości składników pokarmowych i możliwości degradacji in situ kozieradki (*Trigonella foenum-*

graecum L.) i siana lucerny (Alfalfa Hays). Canadian Journal Animal Science, 73: 993-996.

Miraldi, E., Ferri S.i Mostaghimi, V. (2001). Botanical drugs and preparations in the traditional medicine of West Azerbaijan (Iran). J. Ethnopharmacol., 75(2-3): 77-87.

MoA. (2006) . Pakiet programów rozszerzania działalności rolniczej. Etiopski Instytut Badań nad Rolnictwem (EIAR) i Agencja Przekształceń Rolniczych (ATA). Addis Abeba, Etiopia (Etiopia). Pp: 88.

MoA . (2014). Pakiet programu rolniczego rozszerzenia. Etiopski Instytut Badań nad Rolnictwem (EIAR) i Agencja Przekształceń Rolniczych (ATA). Addis Abeba, Etiopia (Etiopia). Pp: 213-230.

Moir, J. L., Moot, D. J., Jordan, P. R. i Lucas, R. J. (2012). Phosphorus response and efficiency of 12 novel dryland legume species on an acid high country soil. New Zealand Soil News. Źródło: http://nzsss.science.org.nz /documents/soil_news/Feb2012.pdf.

Montgomery, J.(2009). The potential of *fenugreek* (*Trigonella foenum-graecumL.*) as a forage for dairy herds in central Alberta. Uniwersytet w Albercie. USA, 4-15.

Moradi, K lub N.andMoradi, K. (2013). Physiological and pharmaceutical effects of *fenugreek* (*Trigonella foenum-graecum* L.) as a multipurpose and valuable medicinal plant. Glob. J. Res. Med. Plants Indig., 1(2): 199-206.

Moschini, E. (1958). Właściwości biologiczne i różne pochodzenie kulturowe *Trigonella foenum-graecum* L. i *Vicia sativa* L. di. Experiences and Research, Pisa. str. 10-11.

Motsara, M.R. i... Roy, R.N. (2008). Guide to laboratory establishment for plant nutrient analysis. FAO Fertilizer and Plant Nutrition Bulletin 19. Rzym. 204p.

Moyer J., Acharya S., Mir, Z.i Doram C. (2002). Chwasty w nawadnianych kozieradkach uprawianych na paszę w płodozmianie z uprawami rocznymi. Puszka. J. Plant Sci., 83: 181-188.

Muralidhara, Narasimhamurthy, K., Viswanatha, S.and Ramesh, B.S.(1999). Acute and subchronic toxicity assessment of debitterized fenugreek powder in the mouse and rat. Food Chem. Toxicol. 37, 831-838.

Ndakidemi, P.A. i Dakora, F.D. (2003). Flawonoidy z nasion roślin strączkowych i metabolity azotowe jako sygnały i środki ochronne we wczesnym rozwoju sadzonek. Functional Plant Biology, 30(7): 729 -745.

Nehara, K. C., Sharma, H.S. i Agarwal, H.R. (2002). Response of *fenugreek* (*Trigonella foenum-graecum* L.) to phosphorus and potassium. Annals of Biology (Ludhiana), 18: 43-45.

Neilson, D. W. i I.E. Sommers, (1982). Total carbon, organic carbon and organic matter, chemical and microbiological properties. Amer. Soc. of Agron. J. 9:639-679.

Nyoki, D. i Ndakidemi, P. A. (2014). Effects of Bradyrhizobium japonicum and phosphorus supplementation on the productivity of legumes. International Journal of Plant & Soil Science, 3(7), 894 - 910.

Nyoki, Daniel i Patrick A Ndakidemi. (2014b). Influence of Bradyrhizobium japonicum and Phosphorus on Micronutrient Uptake in Cowpea. A Case Study of Zinc (Zn), Iron (Fe), Copper (Cu) and Manganese (Mn). American Journal of Plant Sciences, 5(4): 427-435.

Olivera, M., Tejera, N., Iribarne, C., Ocana, A. i Lluch, C. (2004). Wzrost, wiązanie azotu i asymilacja amonu w kozieradce (*Trigonella foenum-graecum L.*): wpływ fosforu. Physiologia Plantarum, 121(3): 498-505.

Pandian R.S, Anuradha C.V. i Viswanathan P. (2002). Gastroprotective effect of fenugreek seed (Trigonella foenum graecum) on experimental gastric ulcer in rats. J. Ethnopharmacol., 81(3): 393-397.

Petropoulos G.A. i Kouloumbis P. (2002) Botanika, w: G.A. Petropoulos (Ed.), Fenugreek - The genus Trigonella, Taylor and Francis, London and New York. str. 9-17.

PietrzAk, S. (2011). Oszacowanie azotu utrwalonego symbiotycznie przez rośliny strączkowe. Woda-Środowisko -Obszary Wiejskie, 11, 35(3): 197-207. (j. polski)

Pribac G., Ardelean A., Czapar M., Bodo E.i Mos L. (2009). *Trigonella foenum-graecum* i wyciąg z nasion Trigonella policreata działają ochronnie na alkohol toksycznie w komórkach wątroby szczurów BRL3A. Stadnina. Univ. Vasile Goldis Arad, Stiintele Vietii., 19: 87-93.

Provorov, N. A., Y. D. Soskov, Y.D. Lutova, L. A. Sokolova, O.A. i Bairamov, S.S.(1996). Investigation of the *fenugreek* (*Trigonella foenum-graecum* L.)

genotypes for fresh weight, seed productivity, symbiotic activity, callus formation and accumulation of steroids. Euphytica, 88: 129-138.

Rababah, T.M., Ereifej, K.I., Esoh, R.B., Al-u'datt, M.H., Alrababah, M.A.i Yang, W.(2011). Aktywność przeciwutleniająca, analiza fenoli ogółem i analiza HPLC związków fenolowych ekstraktów z powszechnie występujących roślin śródziemnomorskich. Nat. Produkt. Res. 6, 596-605.

Rafat, M. i Sharif, P. (2015), Effect of phosphorus on yield and yield components of green bean. Journal of Soil and Nature, 8 (1): 9-13

Raju J., Patlolla J.M.R, Swamy M.V. i Rao C.V. (2004). Diosgenin, a steroid saponin of *Trigonella foenum-graecum* (fenugreek), hamuje powstawanie aberracyjnych ognisk kryptowych wywołanych przez azoksymetan u szczurów F344 i indukuje apoptozę w ludzkich komórkach raka jelita grubego HT-29. Cancer Epidemiol Biomarkers Prev., 13(8): 1392-1398.

Rees, D.C., Tezcan, F.A. , , Haynes, C.A., Walton, M.Y., Andrade, S., Einsle, O. i Howard, J.B. (2005).Structural basis of biological nitrogen fixation. Royal Society, 363(1829): 971-984.

Reo, P.U.A. i Sharma, R.D.(1989). Effect of fenugreek seed supplementation on the protein quality of rice (*Oryza sativa*), wheat (*Triticum aestivum*), and Jowar (*Sorghum vulgare*). Biological Abstract, 87: 98-148.

Rjat, H. i Taparia, A. (1990). Wykorzystanie słomy methi przez bydło. Ind. J. Anim. Sci., 60: 1380-1381.

Russel, S.J.E. (2008). Warunki glebowe i wzrost roślin, Daya Books. Leopold Classic Library Sa, N.M.H. 2000. Sezonowa dynamika rdzennych populacji kłączy związanych z Arachis pintoi w glebach Cerrado. Pastwiska Tropicales, 23(1):29-31.

Sandra, M-G. (2011). Plant Nutrients - Phosphorus. California Foundation for Agriculture in the Classroom. Źródło: http://www.cfaitc.org/ factsheets/pdf/ Phosphorus.pdf.

Santos, M.A., Gerald, I.O., Garcia, A.A.F., Bortolatti, N., Schiavon, A.i Hungria, M. (2013). Mapping of QTLs associated with biological nitrogen fixation traits in sojaean. Hereditas,150(2-3): 17-25.

SARC.(2006). Sinana Agricultural Research Center Annual Report, Oromia Agricultural Research Institute, 2006.

Schulze, J., Temple, G., Temple, S.J., Beschow, H. i Vance, C.P. (2006). Nitrogen fixation by white lupin under phosphorus deficiency. Annals of Botany, 98(4): 731-740.

Serpukhova, W.I. (1934), Trudy, Prikl. Bot. Genet. 7(1): 69-106.

Serraj, R., Allen, H.R. i Sinclair, T.R. (1998). Węzełowanie soi i reakcja wiązania N2 na suszę w warunkach wzbogacania dwutlenkiem węgla. Plant Cell and Environment, 21(5):491-500

Setiyo, H.W., W.T. Anlie, W.T. i Mannetje, L. (2004). Effect of phosphate on nodule primordial of soja (Glycine max L.Merrill) in acid soils in Rizotron experiments. Indonezyjski Dziennik Nauk Rolniczych, 5:37-44

Sharma H.R. i Chauhan G.S. (2000). Fizykochemiczne i reologiczne cechy jakościowe mąki pszennej uzupełniającej z kozieradki (Trigonella foenum-graecum L.). Journal of Food Science and Technology-Mysore, 37:87-90.

Singh, V. i Garg A. (2006). Dostępność podstawowych pierwiastków śladowych w indyjskich zbożach, warzywach i przyprawach przy użyciu INAA oraz wkład przypraw w dzienne spożycie żywności. Food Chem., 94 (1):81-9.

Srinivasan, K. (2006). Fenugreek (*Trigonella foenum-graecum* L.): A review of health beneficial physiological effects. Food Rev. Int., 22(2):203-24.

Sulieman, A.M.E., Ali, A.O.i Hemavathy, J.(2000). Zawartość lipidów i skład kwasów tłuszczowych w nasionach kozieradki (*Trogonella foenum-graceum* L.) uprawianej w Sudanie. International Journal of Food Science and Technology. 43, 380–382.

Swanson, J. A., K. Tu Janice, R. S. Joy Ogawa, F. F. Robert i R. L. Sharon.(1987). Extended region of nodulation genes in Rhizobium meliloti 1021.I. Phenotypes of Tn5 Insertion Mutants. American Journal of Genetics, 117: 181-189.

Szczyglewska, D. (2000). Skrzynia z ziołami roślinnymi w domu i w kuchni. Wiad. Ziel., 12: 14-15. Wiad. Ziel.

Tang, C., Hinsiger, P.J. Drevonn, J. i Jailard, B. (2001). Phosphorus deficiency impaired early nodule functioning and enhance proton release in roots of Medicago truncatula L. Ann. Bot., 88:131-138.

Tate, R.L.(2000), Mikrobiologia gleby. Wydanie drugie. Symbiotyczna fiksacja azotowa. John Wiley and Sons, Inc. John Wiley and Sons, Inc. Nowy Jork. 385Pp.

Tekalign Tadese. (1991). Analiza gleby, roślin, wody, nawozu, obornika zwierzęcego i kompostu. Dokument roboczy nr 13. International Livestock Research Center for Africa, Addis Abeba.

Tesfaye, M. J., Liu D. Allan, L. i Vance C.P. (2007), Genomic and genetic control of phosphate stress in legumes. Plant Physiol., 144: 594-603.

Tilahun, A. (2006). Improving drought resistance of grain legumes in Ethiopia. pp 183-190. Kamal A. Gemechu K. Seied A., Rajjendra, M.K. Suredra, i M.H. Halila (Eds.). Żywność i paszowe rośliny strączkowe z Etiopii. W: Proceeding of the Workshop on Food and Forage Legume, 2226 September 2003, Addis Abeba Ethiopia.

Tisdale, S.L., J.D. Nelson, J.D. Beaton, R. i Havlin, J.L.(2002). Soil Fertility and Fertilizers (7 Ed.). Prentice-Hall of India, New Delhi.623Pp.

Toro, M., Azcón, R. i Barea, J.M. (1998). The use of isotopic dilution techniques to evaluate the interactive effects of Rhizobium genotype, *mycorrhiza fungi*, phosphate-solubilizing rhizobacteria and rock phosphate on nitrogen and phosphorus acquisition by *medicago sativa.* New Phytologist, 138: 265-273.

Tsvetkova, G.E. i Georgiev, G.I. (2003). Effect of phosphorus nutrition on the nodulation, nitrogen fixation and nutrient use efficiency of Brady rhizobium japonicum-soybean (*Glycine max* L. Merr.) symbiosis. Bulgarian Journal of Plant Physiology Special, 2003: 331-335.

Vance, C. P. (2001). Symbiotyczne wiązanie azotu i akwizycja fosforu. Żywienie roślin w świecie malejących zasobów odnawialnych. Plant Physiology 127 (2):390-397.

Vanlauwe, B., Baijukya, F. i Giller, K. E. (2010). Detailed country-by-country access plan for P and other agro-minerals.

Vavilov NI. (1926). Badania nad pochodzeniem roślin uprawnych. Inst. Appl. Bot. Rasa roślin. Leningrad. pp: 289. http://res2.agr.callethbridge/scitech/acharya_e.htm. (Dostęp uzyskano w marcu 2017 r.).

Vincent, J.M. (1980). Factors controlling the legume- Rhizobium symbiosis.In Nitrogen Fixation.Vol.2.Eds. W E i W H OrmeJonhson. Pp 103-129. University Park Press. Baltmore, MD.

Vitousek, P.M., Cassman, K., Cleveland, C., Crews, T., Field, C.B., Grimm, N.B., Howarth, R.W., Marino, R., Martinelli, L., Rastetter, E.B. i Sprent, J.I. (2002). Towards an ecological understanding of biological nitrogen fixation.

Wagh, P., Rai, M., Deshmukh, S.K.and Durate, M.C.T. (2007). Bioaktywność olejów z Trigonella foenum-graecum i Pongamia pinnata. Afryka. J. Biotechnol., 6(13): 1592-1956.

Walkley, A.J. i Black, I.A. (1934). Oszacowanie zawartości węgla organicznego w glebie metodą miareczkowania kwasem chromowym. Soil Sci., 37: 29-38.

Westphal, E.(1974). Pulsy w Etiopii: ich taksonomia i znaczenie w rolnictwie. Center for Agricultural Publishing and Documentation. Wageningen, Holandia.

Wijaya V.H., Abdul, Mun'im A. i Djajadisastra, J. (2013). Test skuteczności działania toniku do włosów z nasion kozieradki (*Trigonella foenum-graecum L.*) w aktywności wzrostu włosów. Int. J. Curr. Res., 5(11): 3453-3460.

Yemane, A. i Skjelvåg, A.O. (2003). Effects of fertilizer phosphorus on yield features of dekoko (*Pisum sativum var. abssinicum*) under field conditions. J. Agronomy and Crop Sci. 189:14- 20.

Yerima, B. P., Sertsu, K. i Baisat, S. (1993). Mannual do analizy gleby. Część pierwsza. Analiza chemiczna gleby Vol.1. Water shade development and land use department, Ministry of Natural Resource Development and Environmental Protection UNDP/FAO, Addis Abeba Ethiopia.

Youssef, M., Wang, Q., Cui, S. i Barbut, S.(2009). Oczyszczanie i częściowe właściwości fizykochemiczne bezbiałkowych gum kozieradki. Food Hydrocol, 8, 2049-2053.

Zafar, M., Maqsood, M., Ramzan, M., Amzan, A. i Zahid, A. (2003). Growth and yield of lentil as affected by phosphorus. International Journal of Agriculture and Biology, 5(1): 1560-8530.

Zeidan, M.S., (2007). Effect of organic manure and phosphorus fertilizers on growth, yield and quality of lentil plants in piady soil. Research Journal of Agriculture and Biological Sciences, 3: 748-752.

7. ZAŁĄCZNIKS

Dodatek Tabela 1. Średnie kwadraty parametrów fonologicznych kozieradki dotkniętej nawozem fosforowym i jego odmianami

Źródło zmienności	Df	Średnie kwadraty				
		ED	DF	DM	PH	NPB
Blok	2	0.02	0.69	0.15	25.99	1.06
Fosfor	4	8.09**	108.74**	293.47**	844.57***	8.80**
Odmiana	2	15.02**	8.02ns	123.29**	939.45***	1.38ns
P × V	8	1.36ns	3.33ns	11.23ns	156.39**	0,73ns
Błąd	28	0.98	0.52	0.98	5.04	0.58

Gdzie, df = stopień swobody; DF = dni do 50% kwitnienia; DM = dni do 90% dojrzałości fizjologicznej; PH = wysokość rośliny; NPBP = liczba głównych gałęzi na roślinę; * = istotne przy P=0,05; **= istotne przy P=0,01; *** = istotne przy P<0,00; ns = nieistotne

Dodatek Tabela 2. Średnie kwadraty parametrów węzłowych kozieradki pod wpływem nawozu fosforowego i jego odmian

Źródło zmienności	Df	Średnie kwadraty	
		TNNP	ENPP
Blok	2	1.37	0.87
Fosfor	4	137.95**	142.52***
Odmiana	2	72.20**	27.48**
P × V	8	10.21**	8.06**
Błąd	28	0.94	1.69

Gdzie,df= stopień swobody; TSP = nawóz fosforowy; TNNP = całkowita liczba guzków na roślinę; PL = efektywna liczba guzków; * = znaczna przy P=0,05; **=istotna przy P=0,01; *** = znaczna przy P<0,00; ns = nieistotna

Dodatek Tabela 3. Średnie kwadraty składników plonu i plonu kozieradki pod wpływem nawozu fosforowego i jego odmian

Źródło zmienności	Df	Średnie kwadraty					
		NPP	NSP	TSW	AGB	SY	HI
Blok	2	6.155	0.7529	0.0140	7.524	5.97	3.76
Fosfor	4	3209.95***	12.58***	1.89*	394.97***	156.98**	163.92**
Odmiana	2	459.10***	2.41*	4.07*	14.22***	23.59**	23.22ns
P × V	8	86.76***	0,4732ns	0,08ns	8.97ns	2.16**	6,40ns
Błąd	28	3.959	0.7188	0.1371	1.17	0.51	7.005

Gdzie, df = stopień swobody; P2O5 = nawóz TSP; V = odmiana; P2O5 x V = nawóz TSP i interakcja między odmianą; NPP = liczba strąków na roślinę; NSP = liczba nasion na strąk; AGB = biomasa nad gruntem; SY = plon nasion; * = istotny przy P=0,05; **=istotny przy P=0,01; *** = istotny przy P<0,00 ns = nieistotny

Kolibri 360 GmbH
Ferdinand-Jühlke-Straße 7
99095 Erfurt, Deutschland
produktsicherheit@kolibri360.de

Druck:
CPI Druckdienstleistungen GmbH
im Auftrag der
Kolibri 360 GmbH
Ferdinand-Jühlke-Str. 7
99095 Erfurt